基于渠床二维入渗参数的多因子数学模型及渠道水利用效率计算方法研究

张健 著

中国商务出版社

·北京·

图书在版编目（CIP）数据

基于渠床二维入渗参数的多因子数学模型及渠道水利
用效率计算方法研究 / 张健著 . -- 北京 ： 中国商务出
版社，2024.3
ISBN 978-7-5103-5134-1

Ⅰ . ①基… Ⅱ . ①张… Ⅲ . ①渠道－土壤水－下渗－
数学模型②渠道－灌溉水－水资源利用－效率－计算方法
－研究 Ⅳ . ①S152.7②S274.3

中国国家版本馆CIP数据核字 (2024) 第073235号

基于渠床二维入渗参数的多因子数学模型及渠道水利用效率计算方法研究

JIYU QUCHUANG ERWEI RUSHEN CANSHU DE DUOYINZI SHUXUE MOXING JI QUDAO
SHUI LIYONG XIAOLÜ JISUAN FANGFA YANJIU

张健　著

出版发行：中国商务出版社有限公司
地　　址：北京市东城区安定门外大街东后巷 28 号　　邮编：　100710
网　　址：http://www.cctpress.com
联系电话：010-64515150（发行部）　　010-64212247（总编室）
　　　　　010-64243016（事业部）　　010-64248236（印制部）
策划编辑：刘文捷
责任编辑：刘　豪
排　　版：德州华朔广告有限公司
印　　刷：北京建宏印刷有限公司
开　　本：787 毫米 × 1092 毫米　1/16
印　　张：10.25
字　　数：184 千字
版　　次：2024 年 3 月第 1 版
印　　次：2024 年 3 月第 1 次印刷
书　　号：ISBN 978-7-5103-5134-1
定　　价：58.00 元

目　录

图 目 录

表 目 录

1 引言

1.1 研究背景与意义

随着我国水资源紧缺问题日益严重，水资源的合理开发利用尤为重要。河套灌区地处干旱半干旱区域，水资源时空分布不均匀，农业灌溉是河套灌区发展农业生产和粮食保障不可替代的基础条件和重要支柱，2018年农业灌溉用水占用水总量的85%。2011年中央一号文件《中共中央　国务院关于加快水利改革发展的决定》（中发〔2011〕1号）明确提出，到2020年，全国农田灌溉水有效利用系数提高到0.55以上。因此，高效、快捷、精确地计算渠道水利用效率对掌握灌溉水利用效率起到重要作用。

渠道水利用效率评价分析的实质是测算渠道水量损失问题，而渠道渗漏损失约占总损失量90%以上，因此渠道水渗漏损失量可近似看作渠道总损失水量[1-4]。渠道输水过程产生的渗漏损失水量，不仅降低渠道水利用效率、浪费水资源、难以保障有效灌溉面积得以充分灌溉，在一定程度上会影响农业的增产增收效益，而且渠道渗漏水量造成地下水位上升，在受盐碱威胁的地区，常引起土壤的盐渍化，导致农作物减产及环境恶化[5-7]。渠道水渗漏量是区域水资源供需平衡计算、灌区灌溉水利用效率测算、灌区规划设计以及运行管理、渠道防渗措施效果评价等方面的重要依据。因此，渠道水利用效率及渠道渗漏量的计算方法和衡量标准一直以来是水利工程领域研究的热点，特别是在国务院修订最严格水资源管理制度时，将灌溉水有效利用系数列入"三条红线"的控制指标和政府考核指标的新形势下显得尤为重要。

测算渠道渗漏量一般采用实测法、经验公式法及数值分析法[8-9]。其中应用最为广泛的方法是实测法，但其具有工作强度大、时间序列长和需娴熟运用测试工具等特点；经验公式法多用于规划设计渠道阶段，精度相对较低且参数的确定差异对计算结果的影响较大；数值分析法在渗漏损失机理、结果表达方面相对精确，但使用条件受限，在生产实际中应用不多。针对现行计算方法存在的问题，以渠道渗漏损失模型为研究基础，探究其模型参数的计算方法，进而改进渠道渗漏量计算方法是需要深入探讨的课题，开拓此研究具有重要意义。

渠道水渗漏损失问题属于土壤水分入渗理论范畴。国内外学者开展大量土壤水分入渗的试验研究，研究土壤水分入渗理论的成果较为成熟且完整[10-16]，并提出了

Kostiakov、Kostiakov-Lewis、Green-Ampt、Philip、Horton 等不同形式的土壤水分入渗模型，在实际生产过程中得到了广泛应用。由于土壤水分入渗模型涉及若干参数，一般需通过专门入渗试验加以确定。土壤水分入渗过程是众多因素影响下的复杂问题，应用土壤入渗模型需结合实际情况选择适宜的模型，模型参数亦随之发生变化。针对灌溉渠道而言，土壤水分入渗过程属于二维入渗的范畴，包括垂直方向入渗和水平方向入渗，除与土壤物理性质等因素有关外，还与渠道水力要素和地下水埋深等密切相关。目前，针对渠道二维土壤水分入渗的多因素湿润锋运移距离模型研究较少，况且以渠道断面的宽深比界定水平向、垂直向湿润锋运移的变化还未见发表。而在实际生产过程中，通过入渗试验确定土壤水分入渗模型参数是十分不便和困难的，且模型参数估计一直以来是解决实际水利工程问题的难点。国内外学者试图将土壤水力参数用容易测得的土壤物理参数表示，并建立一定的数量关系[17-18]，为简化土壤水力参数的获得提供了有效手段和新途径，目前仍是研究的热点问题，但研究成果多见于一维土壤水分入渗问题及单因子入渗参数建模，而有关渠道土壤二维水分入渗模型参数的多因子数学模型鲜见发表。

因此，本书针对众多影响因素条件下的渠道入渗特性、模型参数取值问题和计算方法等进行了全面系统的研究，依据建立的渠道二维入渗的多因素湿润锋运移距离模型及提出的渠道宽深比界定范围，对掌握渠道土壤水分入渗特性提供一定的参考；针对现行土壤水分入渗模型及渠道渗漏损失模型的参数取值和计算方法所存在的问题，以土壤水分入渗模型及渠道渗漏损失模型为研究基础，探究其模型参数的简便算法，提出新的土壤水分入渗和渠道渗漏损失的计算方法，并开发相应渠道水利用效率的计算软件，为灌区渠道灌溉水利用效率评估、建设管理以及区域水资源评价等提供方法和手段。

1.2 国内外研究进展

1.2.1 不同试验因素与土壤水分入渗模型及参数的研究

1.2.1.1 入渗水头（渠道水深）与入渗模型及参数的研究

入渗水头决定土壤水分入渗初期的压力势，对于正常运行的渠道而言，入渗水头（即渠道水深）不仅对水流的推进产生影响，而且还是影响水分垂向入渗问题的重要因素。入渗水头的变化通过改变土壤水分入渗的湿周及势能，进而影响土壤水分入渗的过程。

土壤水分入渗模型可有效地描述其水分入渗过程，大量学者针对入渗水头对土壤水分入渗模型的选取及模型参数的关系开展研究。基于 Green-Ampt 模型研究入渗水头变化对水分入渗规律的影响，改变试验水头其水分入渗规律可用改变饱和区导水率加以概化，入渗水头与导水率之间存在显著的函数关系[19]；以 Kostiakov 模型评价变水头条件下土壤水分入渗过程，试验水头对入渗系数 k 影响显著，对入渗指数 a 有影响，且随着水头的改变 k 和 a 值均在显著性变化和幅度较小变化两者之间交替变化[20]，以 Kostiakov 入渗模型为基础建立渠床土壤有压点入渗三个阶段公式，其土壤入渗模型参数 k、a 与水头之间存在线性函数关系[21]；以 Philip 模型为基础探究土壤水分入渗规律可见，Philip 模型参数 S 与入渗水头呈线性正相关关系，稳渗率与水头也基本呈正相关，但其影响较小，Philip 模型参数可用入渗水头及饱和导水率的数学方程所表示。且 Philip 模型的参数 A 和 S 均随着水头的增大而增大，且呈线性相关关系[22-23]。Kostiakov- Lewis 模型亦可作为描述土壤水分入渗过程的模型，其模型参数 k 和 a 均随着水头的增大而呈减小的趋势，评价渠道水分渗漏过程、研究累积入渗量及入渗速率是可行的[24-25]。

综上可见，虽前人对不同水头条件下土壤水分入渗模型及参数做了大量的研究，但多数试验成果拘泥于室内模拟较小入渗水头条件下分析土壤水分入渗规律，而对于田间实际渠道，渠道水深相对较大，且土壤分布条件复杂，目前针对田间实际渠道系统、全面地研究不同水深条件下土壤水分入渗模型及参数的成果还鲜有发表。

1.2.1.2　入渗湿周与入渗模型及参数的研究

入渗湿周作为渠道水力要素的主要组成部分，对其土壤水分入渗过程影响显著，土壤水分入渗可归纳为水平方向和垂直方向的入渗过程，一般而言，通过底宽改变入渗湿周，其垂向入渗效果明显；边坡系数的变化将对侧向入渗范围产生一定的影响，而水深、底宽及边坡系数的变化改变入渗湿周，与模型参数的关系有待于研究。

刘宣仁等通过建立土壤入渗模型研究矩形边界条件下累积入渗量的变化规律及水分入渗通量的分布情况，探究试验条件下累积入渗量变化规律，均可用 Philip 模型和 Kostiakov 模型进行拟合，且效果良好；并根据累积入渗量的拟合曲线，提出了能用湿周变化表示的三种经验入渗公式[26]。张新燕等研究沟灌条件下土壤水分入渗规律，随着试验水深变小，土壤水分的水平侧向入渗增强，对垂向入渗效果减弱；而底宽的改变对水分侧向入渗效果不明显，相应的垂向入渗明显，底宽与垂向入渗呈正相关关系[27]。Ramsey和Fangmeier等研究发现沟灌条件下土壤水分入渗量与过水湿周呈线性相关关系[28]，Walker研究探明湿周、水深2个因素与土壤水分入渗量呈正相关关系，且水深这一因素对Kostiakov模型参数影响较显著[29]。

目前渠道水力要素对土壤水分入渗模型及参数研究多集中在湿周方面，而渠道水深、底宽、边坡系数等因素作为渠道水力要素的组成部分，各因素均对水分入渗过程产生不同程度的影响。相同湿周条件下，不同水深、底宽、边坡系数的组合，土壤水分入渗规律会发生改变，故以湿周研究土壤水分入渗模型及参数难免存在一定的不足。

1.2.1.3 土壤质地与入渗模型及参数的研究

土壤质地反映着土壤中颗粒大小的组合状况，土壤颗粒越细，土壤比表面积越大，吸附水分的能力越强，故土壤的透水性能变弱。国内外学者对土壤质地的改变对土壤水分入渗过程的影响可知，土壤水分入渗能力随着土壤质地由轻变重而呈减小的变化规律。

Sepaskhah等利用Kostiakov-Lewis模型研究确定土壤容重（同一质地土壤）与土壤水分入渗模型中衰减速度a呈正相关[30-33]。吴发启等研究表明：同一质地的土壤，随土壤容重的减小其水分入渗速率相应增大[34-35]。解文艳等以土壤粒径0.002 mm为衡量标准作为评价质地黏粒质量百分数的物理量，采用Kostiakov-Lewis模型描述土壤水分入渗变化规律。随着土壤质地逐渐变轻，模型参数均呈增大的变化规律，且累积入渗量及入渗速率呈增加的趋势[36]。李广文研究发现，随着土壤粘粒含量的增加，Horton模型参数k值呈减小的趋势，Philip模型参数s值无明显的相关关系，Kostiakov模型参数a值基本呈负幂函数的关系[37]。李卓等分析探讨土壤粘粒含量对其水分入渗过程的影响研究表明：土壤中粘粒占比与其入渗过程中累积入渗量及入渗速率的关系均呈幂函数负相关，且Kostiakov模型能够较好地描述试验条件下的土壤水分入渗过程[38]。党宏宇等研究发现粒径大小为5～20 mm的隔离层碎石对应的累积入渗量达到最大，在较短的时间内达到稳定入渗。同时对较大孔隙内填充细小粘粒，土壤水分的入渗能力明显减弱，故土壤中粘粒含量占比对其水分入渗能力的影响较明显，Kostiakov模型参数a值基本呈负幂函数的关系[39]。

Wahl等[40]发现大孔隙的存在并不能增加降雨入渗。Stolte等[41]认为饱和水力传导度由土壤结构和质地决定，土壤孔隙状况改变土壤结构，进而改变了土水势梯度和土壤的水力传导度。卢敬华等[42]研究表明土壤容重与入渗过程中累积入渗量呈幂函数负相关关系，而饱和导水率又与容重与呈负相关关系。解文艳等[36]表明累积入渗量与土壤容重基本呈线性负相关关系。李卓等[32]研究表明随着土壤容重的增大，土壤入渗能力减小，且土壤容重与稳定入渗速率呈对数负相关，利用Kostiakov入渗模型进行拟合，得到随着土壤容重的增大，模型入渗衰减速度增大。Abid等[43]的研究表明入渗过程中水分稳定入渗率和土壤容重基本呈负相关关系。

尽管前人针对土壤质地影响水分入渗规律、模型及参数等方面做了大量研究，主要集中于探究土壤水分入渗能力，模型参数研究偏向于沟灌模拟处理等方面，然而目前对于土壤质地影响渠道土壤水分入渗、适宜的模型及参数系统的研究还相对较少。

1.2.1.4 土壤初始含水量与入渗模型及参数的研究

大量学者研究土壤初始含水量对土壤水分入渗过程的影响，多数表明土壤初始含水量对水分入渗能力的影响较大，随着初始含水量的减小，土壤入渗能力增强，累积入渗量和入渗速率均增大，趋于稳定入渗速率的时间变长[44-45]，依据试验结果选用适宜的土壤水分入渗模型。如解文艳等[36]探讨土壤初始含水量与Kostiakov模型参数中入渗指数呈对数相关关系。刘目兴等[46]依据试验结果分析改变土壤初始含水量对入渗速率的影响和选用入渗模型的适宜性，随着土壤初始含水量的减小，入渗初期速率较大，到达稳定速率的时刻相对延长，土壤水分入渗速率随着时间的延长而变小，故入渗曲线趋于平缓，另外Horton模型可有效表示土壤水分入渗过程。张建丰等[47]研究表明：入渗时间相同的情况下，随着初始含水量逐渐变小，累积入渗量呈变大的趋势，入渗速率也相应越大；而初始含水量的增大致使湿润锋运移距离亦发生改变，且湿润锋运移距离与土壤初始含水量基本呈幂函数关系。

目前研究初始含水量对土壤水分入渗的累积入渗量及稳定入渗率影响方面存在两种观点，一方面研究表明，随着初始含水量的增大，土壤水分入渗的累积入渗量和稳定入渗率均呈减弱的变化趋势[44-45]；而另一方面研究成果恰恰相反[48-49]。研究成果基本以探究土壤水分入渗过程为主，对于模型及参数评价方面研究较少。

1.2.2 渠道渗漏量的计算方法研究进展

渠道渗漏量的计算常用实测法（静水法或动水法）、经验公式法和数值分析法，其中最为广泛应用的方法是实测法，但具有工作强度大、需娴熟运用测试工具等特点；经验公式法多用于规划设计渠道阶段，精度相对较低且参数的确定差异对计算结果的影响较大；数值分析法在渗漏损失机理、结果表达方面相对精确，但使用条件受限，在生产实际中应用不多。

基于静水法试验测试渠道渗漏量结果相对准确可靠[50-51]，目前应用该方法比较普遍，但针对骨干渠道而言，并不能真实反映实际损失水量情况。田士豪等利用静水法试验原理及计算方法开展渠道渗漏的研究[52]。赵东辉采用静水法分析研究不同时刻不同水深情况下渠道渗漏强度的变化情况[53]。王少丽等以静水法分析研究渠道水深与渗漏量的关系，建立渠道渗漏量对周围地下水位影响的计算方法，得出类似渠道渗漏量随渠道水深变化的理论函数关系[54]。

采用动水法分析研究渠道渗漏量具有高效、快捷、便利的特点，但计算渗漏较小的渠道其计算精度相对较低[55-56]。Rantz详细介绍了运用动水法计算渠道渗漏量的理论和实际观测方法[57]。荣丰涛等依据误差分析的理论，采用现行动水法的规范要求开展渠道渗漏试验研究，针对试验结果做误差分析处理，探求分析试验结果的可靠性[58]。

众多学者试图改进渠道渗漏经验公式，但公式适用范围有限，且计算精度难以保障。门宝辉通过研究渠道渗漏经验公式存在的不足，依据传统公式进行改进并用实例加以验证其可靠性，得出可用毛流量替代净流量的计算公式[59]。白美健等结合理论公式和实测资料，提出将渠道净流量用平均流量替代表示，明确了该方法的适用范围[60]。谢崇宝等利用Kostiakov模型的形式，将渠段平均流量代替净流量，再依据Davison-Wilson渗漏损失公式并结合实际资料，建立众多因素相依存的经验公式[61]。雷声隆等对现存的渠道输水损失的方法和理论进行归纳整理，针对防渗处理与否的渠道利用Kostiakov渗漏损失公式的可靠性进行探讨。利用收集全国范围典型渠道的实测资料，分析得出计算估计式，为计算渠道渗漏情况提供支撑[62]。

近年有关数值分析法成为解决渠道问题的热门方法，但在实际应用中存在一定缺陷，且难以推广利用。Ernst[63]、薛禹群[64]利用解析方法推导出河渠稳定渗漏的计算公式，但实际运行的渠道渗漏属于非稳定状态，故在实际运用中存在一定的缺陷。张蔚榛等依据Ernst的研究成果，分析得到稳定渗漏量的计算公式，确定了公式的系数,并以计算表格的形式反映出渠道渗漏总流量公式中的特殊函数[5, 65]。薛禹群分析研究渠道渗漏对周围潜水的运动规律,并依据试验结果归纳分析建立模型。上述公式均以传统计算公式为基础,推导得到符合特定试验条件下的经验公式,难以推广利用[64]。杨红娟等开展渠道渗漏的二维数值模拟的试验研究,并以实测数据验证模拟参数取值的合理性及渗漏过程的可靠性[66]。李红星以点入渗为出发点进行试验研究,结合理论分析和实测数据建立了经验公式,并分析找到渠道水深与经验公式的入渗参数的关系,沿着入渗断面积分,最终得出渠道渗漏量的计算模型[67]。

1.2.3 渠道渗漏损失计算经验公式研究

经验公式法多用于规划设计渠道阶段,精度相对较低且参数的确定差异对计算结果的影响较大。针对常用的经验公式,众多学者试图改进公式形式、参数表达等,但适用性受限难以推广[68-69];再者众多经验公式的参数取值一直是解决实际问题的难点,从某种意义而言,公式参数的敏感性限制了其使用范围。因此,针对适宜的计算公式,改进模型参数的求解方法,以便快捷、准确地计算渠道渗漏损失量是需要深入解决的研究方向。常用计算渠道渗漏量的经验公式有以下几种[70]:

(1)Davis和Wilson针对不同衬砌形式的渠道开展渗漏损失的研究,总结出计算衬砌结构的渠道渗漏损失公式:

$$S_l = 0.45C \frac{p_w l}{4 \times 10^6 + 3650 \sqrt{V}} H_w^{\frac{1}{3}} \tag{1}$$

式中:S_l为渠道渗漏量,$m^3/l/d$;l为测试渠段长度,m;p_w为过水湿周,m;H_w为测试水深,m;V为渠道输水流速,m^3/s;C为公式选取参数,具体参数值见表1:

表1 Davis和Wilson公式C值

Table.1 Davis and Wilson formula C value

衬砌类别及厚度	C
混凝土(10 cm)	1
大块粘土层(15 cm)	4
轻质沥青	5
粘土(7.6 cm)	8
沥青或水泥砂浆	10

（2）美国垦务局针对8个不同的渠系进行渠道渗漏损失测试，依据理论分析提出莫里兹公式计算渠道渗漏损失量，公式形式为：

$$S = 0.2C\sqrt{\frac{Q}{V}} \qquad （2）$$

式中：S为渗漏损失量，$ft^3/s/L$；Q为测段流量，ft^3/s；V为水流速率，ft/s；C为公式参数，其数值如表2所示：

表2　莫里兹公式C值
Table.2　Moritz formula C value

土壤类别	C
胶结砾石、带砂壤土的硬土层	0.34
粘土、粘质壤土	0.41
砂壤土	0.66
火山灰土	0.68
砂土、火山灰或粘土	1.20
夹岩石的砂土	1.68
砂质和砂质土	2.20

（3）印度常用来测算渠道渗漏损失的公式为：

$$S = cad \qquad （3）$$

式中：S为渠道渗漏损失量，ft^3/s；a为渠道断面湿周面积，$10^6 \times ft^2$；d为渠道水深，ft；c为公式的经验常数，其取值范围在1.1～1.8。

（4）埃及灌溉部推荐使用Morsworth经验公式估算渠道输水渗漏损失，具体公式如下：

$$S = cLP\sqrt{R} \qquad （4）$$

式中：S为渠道输水渗漏损失量，$m^3/s/L$；L为测试渠长，km；P为渠道断面湿周，m；R为平均水力深度，m；c为公式经验系数，（一般粘土c取0.001 5；砂土c取0.003）。

（5）苏联使用下式计算一般渠道的输水渗漏损失：

$$S = \frac{1.16}{Q}q_r \qquad （5）$$

式中：S为渠道输水损失量，$m^3/s/L$；Q为渠道输水流量，m^3/s；q_r为测试渠段渗漏损失比减系数（即入渗速度与饱和渗透系数的比值）。

（6）Kostiakov公式常用于规划设计阶段，估算渠道输水损失水量，经验公式形式为：

$$\sigma = \frac{A}{100Q_n^m} \qquad （6）$$

式中：σ 为每公里渠道输水损失系数；A 为渠床土壤透水系数；m 为渠床土壤透水指数；Q_n 为渠道净流量，m^3/s。

土壤透水参数 A 和 m 取值应根据试验测定，若缺乏试验实测值，则可按表3取值。

渠道输水损失流量按下式进行计算：

$$Q_l = \sigma L Q_n \qquad （7）$$

式中：Q_l 为渠道输水损失流量，m^3/s；σ 为每公里渠道输水损失系数，以小数表示；L 为渠道长度，km；Q_n 为渠道净流量，m^3/s。

表3 Kostiakov 公式参数表

Table.3 Kostiakov formula parameters

渠床土壤	透水性	A	m
重粘土及粘土	弱	0.7	0.3
重粘壤土	中下	1.3	0.35
中粘壤土	中等	1.9	0.4
轻粘壤土	中上	2.65	0.45
砂壤土及轻砂壤土	强	3.4	0.5

1.2.4 应用HYDRUS模型模拟研究现状

HYDRUS-2D模型应用始于1999年，由美国国家盐土实验室开发用于模拟土壤水分运动、溶质运移、热量传输及根系吸水的二维运动的有限元计算模型[71]。该模型采用达西定律和质量守恒定律改进的Richards方程用于数值模拟饱和-非饱和水流运动，适用于设置各类水流条件下的初始条件和边界条件，对于模拟区域可由均质、层状或非均质的土壤组成。以不规则三角形网格的形式对模拟区域进行剖分，采用有限元法对Richards方程进行求解，结合隐式差分的方法对时间序列进行离散划分，针对离散化后非线性Richards方程组基于迭代法进行线性化求解[72]。

基于HYDRUS软件对土壤水分运动的模拟研究：Skaggs 等[73]通过土体湿润边界及含水量的试验情况剖析应用HYDRUS-2D模型的准确性，并提出研究土壤水分运动过程可灵活运用HYDRUS-2D 模型。王小芳[74]通过数值模拟分析得出HYDRUS-1D 模型可有效模拟斥水性条件下土壤水分运动过程。姚毓香[75]以EDEM-HYDRUS-2D相结合的方式，开展不同耕深和铲距试验环境下土壤水分入渗过程的研究，结果合理且可靠。Colman和Bodman[76-77]研究认为：按照土壤颗粒组成分类，其细质颗粒的组成对土壤水分过程影响较大。辛琛等[78]基于HYDRUS-1D模型模拟并验证3种土坡的实测水分入渗过程。范严伟等[79]选用HYDRUS-1D模型进行对比不同要素条件下砂质夹层土壤入渗过程的模拟研究，且模拟效果良好。孙增慧等[80]基于HYDRUS-1D模型有效地模拟土壤水分运动规律。马欢等[81]探究农田土壤水分入渗规律，利用HYDRUS-1D软件模拟研究近四年（2006—2009年）的农田水分入渗过程，结果表明该模型可用于模拟土壤含水率的变化，且模拟精度较高。

应用HYDRUS模型对渠道渗漏的模拟研究：Phogat等试验结果表明：随着渠床高程的增加，地下水位壅水高度及渠道渗漏损失量均呈线性增加的变化规律，且HYDRUS-2D模型结果与实测值基本吻合[82]。孙美通过室内模拟渠道渗漏试验，探求其不同压力水头和土壤特性条件对试验的影响，并利用HYDRUS-2D模型进行模拟验证分析，试验表明：渠道土壤剖面存在夹砂层时，湿润锋的运移呈现不连续的变化规律；渠道水分渗漏量会随着试验水头的变大而增加[83]。付强等研究表明HYDRUS-2D模型用于模拟渠道渗漏是可行的，渠道边坡系数的变化对其入渗过程的影响不显著，而改变渠道底宽对土壤水分运动过程影响呈极显著[84]。张金丁等[25]通过开展不同渠道水深条件下的典型斗渠入渗试验分析了渠道水深对累积入渗量、入渗率和渗漏强度的影响。孙美[85]基于HYDRUS-2D模型开展均质土壤和夹砂土壤结构的渠道渗漏损失模拟试验，结果表明：试验实测值与模拟值（比较指标为入渗速率、累积入渗量和湿润锋运移规律）均基本吻合。毛晓敏等[86]采用HYDRUS-2D模型研究渠道渗漏量及土壤含水率的时空变化情况，试验实测值与模拟值（比较指标为累积入渗量和土壤含水率的变化规律）基本一致，故HYDRUS-2D模型可较好地模拟非均匀分布条件下渠道土壤水分渗漏问题。

1.2.5 渠道水利用效率的研究现状

渠道水利用效率是指测试渠段的净流量与毛流量的比值，目前国内还没有统一的规定和标准用以测定渠道水利用效率。一般计算方法采用流量法、水量法和经验公式法，其中流量法具有试验工作量大、仪器操作需准确、费时费力等特点，水量法计算则需要观测相对较长的时间序列，而经验公式法相对简单但计算精度有待于进一步验证。

张茂堂[87]采用静水法及动水法相结合对渠道水有效利用系数进行测定，研究表明渠道输水损失应作为渠道设计时应考虑的重要因素，以确保渠尾流量能够达到灌溉要求。杨玲玲等[88]利用Louck、Hermite多项式，探究灌溉渠道系统的影响因素，并建立了求解计算的数学模型。Chentsov等[89]将动态规划应用到渠道供水系统，提出渠系平面布局优化设计理论。Yousry等[90]基于渠道输水损失最小建立优化模型，通过分析断面参数的敏感性，筛选出主要的渠道断面参数。Adarsh[91]应用FROM-PGSL算法，分析求解渠道输水过程中渠道渗漏损失量，并利用FROM-PGSL算法优化求解。Sophocleous等将MODFLOW模型和SWAT模型结合起来对灌区的水资源循环进行研究[92]。IWMI的学者把SLURP模型和SWAP模型相结合，对灌区灌溉水利用系数的相关指标进行了评价，同时模拟了灌区的水平衡和作物产量[93]。封志明等提出蚁群算法可以对农业水资源的利用效率进行评价[94]。杨晓[95]针对河套灌区开展渠系水利用效率评价研究，分析得出渠系水利用效率的评价模型（主成分模型，衬规模型，分维数模型）。屈忠义等[96]结合Horton定律和灌区实际统计数据推算其研究灌域的分形维数情况，剖析不同灌域的分维值和渠系水利用效率的关系，分析拟合不同分维值和灌溉引水量之间的多元曲线，并提出渠系结构优化下的利用效率提高的潜力值。刘巍[97]研究表明：OLS模型的拟合度相比GWR模型要低，且灌溉水利用效率与试验指标中引水量的关系呈负相关，与其他试验因素的关系均呈正相关。

1.3 目前研究成果尚需继续探讨的问题

农业节水问题一直是农业现代化发展的热门课题，国内外学者对土壤水分入渗模型及参数、渠道水渗漏损失计算方法和渠道水利用效率等课题做了大量的研究，渠道水利用效率与农业灌溉效率有非常重要的关系，而渠道输水损失问题决定了渠道水利用效率。通过总结国内外研究成果，发现仍存在一定的不足：

研究渠道水力要素对土壤水分入渗模型及参数的影响多集中在湿周的研究，而渠道水深、底宽、边坡系数均对其水分入渗过程产生不同程度的变化规律，相同湿周，不同渠道水力要素条件下，其入渗过程会发生改变。故应该开展详细的渠道水力要素对入渗模型及参数的影响研究。

　　针对土壤水分入渗模型及参数的研究现状可知，基于入渗模型的选取及参数变化研究偏重于一维土壤水分入渗，诸多成果仅局限在单因素入渗参数模型，况且众多影响土壤水分入渗过程的主导因素有待于研究确定，以此应用指导实际问题相对薄弱，而有关渠道土壤二维水分入渗模型参数的多因子数学模型鲜见发表。因此，有必要开展渠道土壤水分入渗试验，探究诸多影响因子对土壤水分入渗特性、模型及参数的变化规律和数量关系，该研究过程在当前成为亟待解决的重要科学问题。

　　对于渠道水利用效率的测算体系仍未形成规范化、系统化的标准，大量的研究只对某个区域或某种类型灌区适用，尚未全面考虑地域特征对渠道水利用效率影响的差异性。现阶段对于渠道水利用效率的测算方法分为流量法、水量法和经验公式法，其中流量法和水量法需要开展大量的现场测试，工作强度大，而经验公式法受边界限制，测算范围有限，精度相对较低。为系统、准确、便捷地测算渠道水利用效率，本研究拟改进土壤水分入渗模型和渠道输水损失模型，得出精度较高、适用性更强的计算方法，为渠道规划设计和配套改造等提供一定的技术支撑。

　　综上所述，应围绕渠道水利用效率这一热点问题，开展研究渠道渗漏损失方面简单易行、精度较高、适用范围广的计算方法，同时能够将模型参数用众多主导影响因素表示。将经验公式改进并开发软件及提出渠道水渗漏损失和水分利用效率计算方法是需要深入探讨的课题。

1.4　研究目标与内容

1.4.1　研究目标

　　本书以河套灌区典型土壤类型为研究对象，以田间渠道断面尺寸为依据，通过野外静水法试验和室内模拟入渗试验，探明不同影响因素条件下渠道二维入渗特性的变化规律，建立渠道二维入渗多因素的湿润体运移模型，并结合渠道断面的宽深比分析界定水平向、垂直向的湿润体运移距离；通过 HYDRUS-2D 模型模拟实际斗渠入渗试验，确定渠道土壤水分入渗适宜的模型及主导影响因子，结合渠道土壤水分入渗试验和理论分析，探求主导影响因子与模型参数的数量关系，以此建立渠道二维入渗参数的多因子数学模型；再将多因子数学模型、明渠均匀流方程和

Kostiakov渠道渗漏损失模型有机结合，构建渠道输水损失系数与流量的数学关系，通过逆向求解提出渠道渗漏损失模型中土壤透水系数和指数的简便算法；采用积分法得到新的渠道渗漏损失计算方法，并开发软件对渠道水利用效率进行程序化计算。研究成果可为灌区渠道灌溉水利用效率评估、建设管理以及区域水资源评价等提供方法和手段。

1.4.2　研究内容

1.不同因素对渠道二维入渗特性影响及湿润体运移模型研究

通过野外静水法试验研究不同渠道水深对渠道土壤水分二维入渗特性的影响，探究其土壤水分渗漏强度及累积入渗量的变化规律，分析渠床土壤含水率分布的动态响应；利用室内模拟渠道土壤水分入渗试验，阐明土壤粘粒含量、容重、初始含水量、渠道水深、底宽及边坡系数等因子对土壤水分入渗累积入渗量和湿润锋运移距离的影响，建立多因素条件下湿润体运移距离的预测模型，并以渠道断面的宽深比界定出水平向、垂直向运移距离的变化。

2.渠道土壤水分运动数值模拟与验证研究

结合静水法开展不同因素的渠道土壤水分入渗试验，测定试验土壤的物理参数推求其水分运动参数初始值，并以二维状态下饱和－非饱和土壤水分运动理论为基础，确定不同试验处理土壤水分入渗的初始条件和边界条件，基于HYDRUS–2D模型模拟渠道水分渗漏成果，调整并校正参数值，以模拟结果和试验结果分析并验证所构建的渠道土壤水分运动方程的合理性。

3.渠道土壤水分入渗的影响因子优化及模型确认

利用HYDRUS–2D模型并结合实际渠道断面尺寸开展模拟试验，以土壤粘粒含量、容重、初始含水量、渠道水深、底宽及边坡系数为试验变量，采用通径分析法定量研究影响土壤水分入渗的主导因子，剔除不显著因素；并通过试验分析及理论分析相结合，确定适合试验条件下的土壤水分入渗模型。

4.渠道二维入渗参数的多因子数学模型构建及验证应用

以确定的试验主导因子和入渗模型为研究基础，依据数理统计理论，采用单因子回归及多元回归的方法，探寻试验主导因子与土壤水分入渗模型参数之间的关系，并构建渠道二维入渗参数的多因子数学模型；在此基础上，采用室内模拟土壤水分入渗试验的断面尺寸及成果，以统计指标对比评价分析实测值和模拟值，确定模型的合理性及可靠性。

5.基于渠道水利用效率计算方法的软件开发与实例应用

依据Kostiakov-Lewis入渗参数的多因子数学模型，并结合明渠水流方程和Kostiakov渠道渗漏损失模型，分析确定渠道流量—水深—单位长度损失流量的内在联系，以此建立单位长度渠道损失系数与渠道流量的数量关系，再通过逆向方法求解渠道渗漏损失模型的土壤入渗参数A和m，在渠道设计或运行工况下考虑单位长度渠道损失系数沿程变化，采用积分法计算渠道渗漏损失，形成新的渠道渗漏损失计算方法，并开发计算渠道水利用效率的软件。在此基础上，针对典型斗、农渠开展渠道水利用效率测算，并结合程序化计算渠道水利用效率的方法进行实例校验。

1.4.3　技术路线

本研究设计不同土壤粘粒含量、容重、初始含水量、渠道水深、底宽及边坡系数等一系列试验处理，开展渠道二维土壤水分入渗静水法试验，完成各项指标的测定，系统地获取各项数据指标。在此基础上，基于土壤水分入渗、数理统计等理论和方法，通过单因素、多因素相关分析、模型结构构建及参数求解等开展渠道二维入渗特性和参数分析、二维入渗参数的多因素数学模型建模等各项研究。然后将渠道二维入渗参数的多因素数学模型、土壤水分入渗模型、明渠水流方程与Kostiakov渠道渗漏损失模型有机结合，通过理论分析和求解，建立渠道水渗漏损失计算方法，并开发相应计算软件，用以程序化计算渠道水利用效率，实现研究目标，具体技术路线如图1所示。

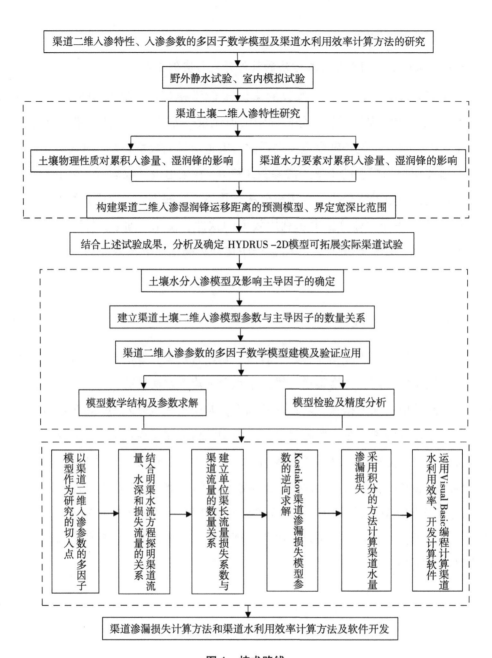

图 1　技术路线

Fig.1　Technology roadmap

2 试验材料与研究方法

2.1 试验区气候条件

试验区设在内蒙古巴彦淖尔市临河区城东的永济试验站内（东经107°24′，北纬40°46′，海拔1 039.9 m），该试验站内设有小型自动农田气象站，可同时监测风速、风向、降雨量及环境温湿度等气象资料。该区域为温带大陆性气候，降雨量少，年均降水量为142.1 mm，气候干燥，年平均气温6.8 ℃，极端最高、最低气温分别为39.4 ℃、-35.3 ℃，日照强且时数长，无霜期140 d左右，适合农作物生长。

2.2 野外静水法试验材料及方法

2.2.1 试验小区气候观测

试验站内设有自动气象站，可同步监测太阳辐射（日照时数）、最高和最低气温、降水量、大气湿度等气象指标。通过试验站内的蒸发皿（型号E601）人工读取水面蒸发量，试验期间以1～2 h为单位进行读数并记录整理。

2.2.2 渠道土壤基本物理特性

在渠段开挖前，于选址处开挖深度为200 cm的测坑，根据实地开挖时土层中明显的土壤质地变化将土层划分，并分别在每层取样，利用饱和渗透仪结合常水头法测定饱和导水率；另外再以20 cm为单位分层取样，利用激光粒度分析仪测定土壤机械组成，采用环刀法测定土壤干容重，采用烘干法测定土壤初始含水率。所有土样每层均取3个重复值，其中土壤干容重及饱和导水率值以所测3个重复值的平均值表述。所测渠道土壤基本物理特性如表4所示。

表4　渠道土壤基本物理特性

Table.4　Basic physical characteristics of channel soil

土层深度（cm）	土壤分类（美国制）	干容重（g/cm³）	饱和导水率（cm/h）	初始含水量（cm³/cm³）	饱和含水率（cm³/cm³）
0～20	粉壤土	1.41	0.58	0.29	0.50
>20～40	粉壤土	1.42	0.56	0.30	0.45
>40～60	粉壤土	1.46	0.49	0.32	0.44
>60～80	粉土	1.51	0.45	0.34	0.44
>80～100	粉土	1.49	0.47	0.31	0.44
>100～120	粉土	1.49	0.47	0.36	0.45
>120～140	粉壤土	1.48	0.48	0.39	0.48
>140～150	粉土	1.47	0.49	0.35	0.42
>150～180	砂土	1.52	2.61	0.19	0.40
>180～200	砂土	1.56	2.44	0.22	0.41

2.2.3　地下水位测定

在试验小区设置地下水观测井1眼。利用自动观测仪分时观测地下水位的变化情况，观测井井口高程通过附近已知水准点经测量确定。试验期间地下水埋深和水位按日为单位整编，试验期间地下水埋深为2m以下，书中研究内容未考虑地下水。

2.2.4　试验渠道工程布设

试验渠道位于内蒙古巴彦淖尔市永济试验站内。选择一处长50m，宽5m的空地，展开试验渠道的布设工作。依照《渠道防渗工程技术规范》（GB 50600—2010）要求，试验渠段由渗漏测验段、隔离堤及渗漏平衡区等组成，如图2所示。渗漏测试段长30m，渠道断面采用河套灌区典型斗渠的断面形式，即梯形断面，设计流量为1.15 m³/s。渠道断面指标分别为底宽1.0 m，顶宽3.4 m，断面高度1.2 m，边坡系数1.0，设计最大水深为1.0 m。试验段首末分别设置隔离堤，隔离堤的堤顶长1 m，宽3.4 m，高1.35 m，邻测验段修筑为边坡系数为1.0的斜坡，且隔离堤堤顶高于断面水深15 cm。本次试验隔离堤修筑为隔水土坝，堤顶用粘土夯筑，在隔离堤内测做粘土抹面处理。在隔离堤外侧各修建一个渗漏平衡区，平衡区长5 m，宽3.4 m。平衡区外侧隔堤与隔离堤采用相同的方式布设。

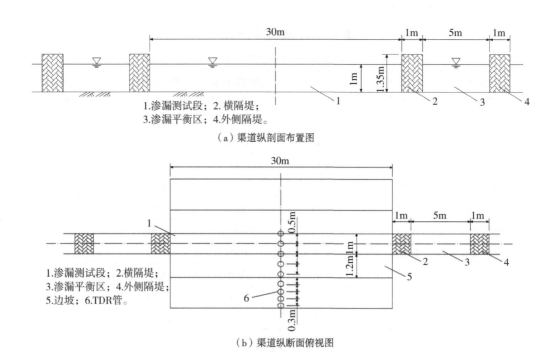

1.渗漏测试段；2.横隔堤；
3.渗漏平衡区；4.外侧隔堤。

（a）渠道纵剖面布置图

1.渗漏测试段；2.横隔堤；
3.渗漏平衡区；4.外侧隔堤；
5.边坡；6.TDR管。

（b）渠道纵断面俯视图

图 2　静水试验段布置图

Fig.2　Layout of static water test section

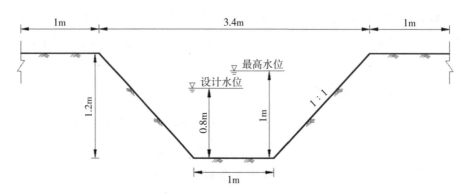

图 3　静水试验段标准断面图

Fig.3　Standard profile of hydrostatic test section

2.2.5　渠道渗漏试验

依照《渠道防渗工程技术规范》进行布设试验方案和设定试验分析方法，采用静水法进行渠道水渗漏试验。试验观测设备包括水位测尺和TDR，其中设置水位测尺用以监测渠道水位的变化情况，利用TDR同步监测渠道及周边土壤含水率的变化。在渗漏测试段中间区域，在同一渠道断面不同位置处布置TDR管：分别在渠底布置3根TDR管，间距为50 cm；在渠道边坡上布置2根TDR管，水平间距为60 cm；在渠道坡顶处布置4根TDR管，间距为30 cm，具体分布如图3所示。试验过程中应用水位下降法观测渠道水分的渗漏强度，设置试验水位分别为30 cm、40 cm、50 cm、60 cm、70 cm、80 cm、90 cm、100 cm。

2.2.6　渠道渗漏试验的方法

采用恒水位法静水试验观测渠道渗漏水量，具体步骤为：

（1）按 ±5% 试验水深确定加水前、后的水位，其差值用 ΔH 表示，试验水位等于二者的平均值；

（2）试验开始向测试段内注水，待水位已平稳，且达到设定的加水后水位时，记录相应的时间及标尺上水位值；

（3）随着水位的下降，当达到规定的加水前水位时，记录其相应的时间和标尺上水位值，与此同时，向试验段注水至试验前规定的加水后水位，重复操作此过程；

（4）待测试时段达到10次以上基本一致，测试段渗漏水量基本相同，以10%的平均渗漏强度为标准验证最大和最小渗漏强度的差值，即完成一组试验处理；

（5）试验开始和结束时刻，在TDR管附近取土测定土壤含水率值，以此率定TDR管的监测精度；

（6）每组试验间隔需待渠面干涸后再测验。

2.3　室内静水法试验材料及方法

由于影响渠道土壤水分入渗的因素众多，野外静水法试验仅设置不同水深（即不同压力水头）情况下土壤水分入渗的研究，受试验条件及方法、实际操作难度大等原因限制，其他因素（渠道底宽、边坡系数、土壤粘粒含量、容重和初始含水量等）的变化对土壤水分入渗的影响关系有待于开发研究，为系统全面地分析影响渠道水分入渗因素、入渗特性过程及模型参数的变化规律，故拓展室内模拟渠道土壤水分入渗的试验。

2.3.1　试验土壤

供试土壤取自野外试验土层范围为0～200 cm，土壤质地分类按照美国三角形制，利用激光粒度分析仪［型号为HELOS（H2528）&RODOS］分析供试土样的土壤颗粒分布情况，其中大于0.02 mm的颗粒部分为砂粒含量、0.002～0.02 mm的颗粒部分为粉粒含量、小于0.002 mm的颗粒部分为粘粒含量；采用环刀法测定土壤容重和饱和体积含水率；采用烘干法测定土壤自然含水率。将供试土样取回后风干7天，然后对土样进行磨细过2 mm的筛，为后续试验研究做准备。供试土壤物理特性参数见表5。

表5　供试土壤物理特性参数

Table.5　Basic physical characteristics of tested soil

试验处理	土壤颗粒组成（%）			容重（g/cm³）	初始含水量（cm³/cm³）
	粘粒含量	粉粒含量	砂粒含量		
	< 0.002 mm	0.002～0.02 mm	> 0.02 mm		
1	13.60	65.56	20.84	1.42	0.32
2	11.35	63.32	25.33	1.43	0.28
3	8.62	60.65	30.73	1.45	0.27
4	6.69	68.52	24.79	1.48	0.25
5	5.06	58.68	36.26	1.51	0.23

2.3.2　试验装置

试验在内蒙古巴彦淖尔市永济试验站实验室内开展，试验装置由自制土箱和供水设备两部分组成，两者通过软管相连接，主要参考张勇勇、聂卫波等[98-100]模拟土壤水分运动的试验装置进行改造制作而成，从而确证试验数据的可靠性和准确性。试验土箱具体尺寸为长度80 cm、宽度20 cm、高度120 cm（土箱结构如图4所示），土箱材质选用有机玻璃，其有机玻璃厚度为10 mm，土箱底部留有通气口和出水口，且底部10 cm厚度铺设碎石滤层，防止气阻的作用。供水设备为马氏瓶，以保证试验过程中所设定的水位达到恒定的效果。由于渠道一般都是按照轴对称结构设计，再者试验所涉及的土样为均质土壤，故试验设计土壤入渗界面时选定了一半的渠道进行研究。通过在设定的时间节点上记录水位下降的数值，得以计算出土壤水分入渗的累积入渗量及入渗速率等，从而探究不同要素条件下土壤水分运动规律。

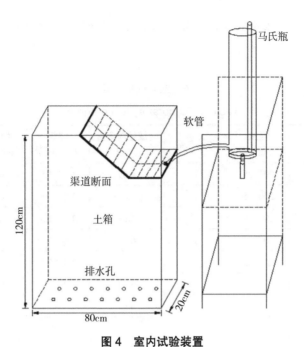

图 4 室内试验装置

Fig.4 Laboratory apparatus

2.3.3 试验方案

试验设置渠道水深、渠道底宽、边坡系数、土壤粘粒含量、土壤容重及初始含水量等6个试验变量，具体试验方案见表6。通过模拟渠床土壤二维入渗试验旨在了解各因素的变化对土壤水分入渗特性的影响，分析探讨各因素对水分入渗过程的累积入渗量的影响程度，确定基于HYDRUS-2D模型模拟实际渠道水分渗漏问题的可行性，验证其计算模型的有效性，以此作为下文分析研究的基础资料。具体试验处理设计分别如下：

（1）设置不同的土壤粘粒含量：5.06%、6.69%、8.62%、11.35%和13.60%；

（2）设置不同的土壤容重：1.4 g/cm³、1.45 g/cm³、1.5 g/cm³；

（3）设置不同的初始含水量：0.20 cm³/cm³、0.24 cm³/cm³、0.28 cm³/cm³；

（4）设置不同的水深：20 cm、25 cm、30 cm、35 cm、40 cm；

（5）设置不同的底宽：10 cm、15 cm、20 cm、25 cm；

（6）设置不同的边坡系数：1.0、1.2、1.5。

按照试验设置的渠道技术参数及土壤容重处理水平，以5 cm为单位将供试土壤分层装入土箱内，分层间打毛装土夯实；土壤含水量同样按照设置的水平，待其他因素试验完，用EM50型数据采集器及EC-5型土壤水分传感器监测土层内的土壤含水量，待满足试验含水量时再次开始入渗试验。每组试验重复3次，结果分析取其测试平均值。

表6　室内试验方案
Table.6　Laboratory test program

处理	水深（cm）	底宽（cm）	边坡系数	土壤粘粒含量（%）	容重（g/cm³）	初始含水量（cm³/cm³）	时间（min）
1	20	20、25	1	6.69	1.4、1.5	0.24	240
2	25	20、25	1	6.69	1.4、1.5	0.24	240
3	30	20、25	1	6.69	1.4、1.5	0.24	240
4	35	20、25	1	6.69	1.4、1.5	0.24	240
5	40	20、25	1	6.69	1.4、1.5	0.24	240
6	20、30	10	1	6.69	1.45	0.24	240
7	20、30	15	1	6.69	1.45	0.24	240
8	20、30	20	1	6.69	1.45	0.24	240
9	20、30	25	1	6.69	1.45	0.24	240
10	20	25	1	6.69	1.4、1.45	0.24	240
11	20	25	1.2	6.69	1.4、1.45	0.24	240
12	20	25	1.5	6.69	1.4、1.45	0.24	240
13	40	25	1	5.06	1.45	0.24	240
14	40	25	1	8.62	1.45	0.24	240
15	40	25	1	11.35	1.45	0.24	240
16	40	25	1	13.60	1.45	0.24	240
17	20、40	15、25	1	6.69	1.4	0.24	240
18	20、40	15、25	1	6.69	1.45	0.24	240
19	20、40	15、25	1	6.69	1.5	0.24	240
20	20、40	25	1	6.69	1.4、1.45	0.2	240
21	20、40	25	1	6.69	1.4、1.45	0.24	240
22	20、40	25	1	6.69	1.4、1.45	0.28	240

2.3.4　试验方法

室内土壤水分入渗过程属于二维入渗的范畴，通过自制的试验装置构建二维入渗条件下的试验研究，通过在设定的时间节点上记录马氏瓶水位下降的数值，用以计算单位时间内入渗的水量，便求得在模拟过程中渠道土壤水分的入渗速率和累积入渗量，还可通过土箱侧剖面记录不同时刻土壤湿润锋的运移过程线。具体试验步骤如下：

（1）组装试验设备，在土箱底部铺设10 cm厚度的碎石滤层，再按试验设计的土壤干容重用电子天平称土样，按照5 cm为单位向土箱内装土，填土过程用捣土器按照设计的土壤容重进行压实，尽量保证土层的均匀性，分层间打毛再按设定容重进行填土夯实，保证各层接合处无光面，以此过程分别填至设计断面尺寸即可。

（2）将测量平台调节至试验水深所需的高度，向土箱内注入一定量的水，随后塞紧橡皮塞，将马氏瓶中的内管下端调整到与模拟渠道中设计水头同高的位置，并准备开始向模拟渠道中注水以维持水位稳定，用止水夹夹住马氏瓶出水口处的胶管等待灌水。秒表归零，准备好备用的清水。

（3）开始试验，向模拟渠道中铺设挡水板，防止快速大量注水冲毁渠道，向模拟渠道中快速加入设计水头深度的水量，拉起挡水板并迅速打开秒表和止水夹，开始由马氏瓶向模拟渠道中注水至稳定设计水头。水流经软管连接进入渠道，在渠床土壤表面形成二维有压入渗。

（4）利用秒表记录水分入渗的时间，按照试验前设置的观测时间间隔，其时间间隔为：试验初期至观测时刻为10 min之间，以1 min为时间间隔进行记录水位；观测时刻为10～15 min，以2 min为时间间隔进行记录水位；观测时刻为15～60 min，以5 min为时间间隔进行记录水位；观测时刻为60 min以后，以10 min为时间间隔进行记录水位；记录可得由马氏瓶流出的水量，即得到每个时间点的累积入渗水量。为确保试验为恒水头条件下二维有压入渗，试验始终需使马氏瓶的出水口位置与试验设置的水头保持同一高度。试验结束时刻以240 min为时间节点，其中在相同时间间隔上马氏瓶的渗漏水量接近程度达到10次以上可看作稳定渗漏过程。

（5）重复以上步骤（1）～（4）完成不同要素的入渗试验。

3 不同因素对渠道二维入渗特性影响及湿润体运移模型研究

渠道水分渗漏占灌溉水损失的30%~50%[1, 101]，渠道水渗漏引起的水量损失导致渠系水利用效率降低，研究表明灌区的平均渠系水利用系数低，水资源浪费较为严重[90, 102]，因此，有必要开展渠道土壤水分入渗的试验研究，探究不同试验因素对渠道二维入渗特性的影响以及湿润体运移距离的变化规律，旨在进一步探明渠道水分入渗规律、改进渠道防渗技术及开发新的渠道水渗漏损失计算方法等。

影响渠道土壤水分入渗的因素众多，且各因素之间的作用关系也较复杂，其影响因素归纳为土壤物理性质（土壤质地、容重和初始含水量等）、渠道水力要素（渠道水深、底宽和边坡系数等）和地下水埋深等。本书以田间渠道作为研究背景，主要分析土壤物理性质及渠道水力要素对土壤水分入渗特性的影响，今后应补充地下水埋深的影响，丰富其研究成果。已有针对土壤水分运动影响因素的试验研究成果，受局限性和普遍适应性干扰，况且存在难以控制的因素影响试验结果的准确性，试验结论指导渠道水分渗漏问题仍相对薄弱。因此，本章以野外静水法试验和室内模拟渠道土壤入渗试验相结合，初步探究众多因素影响下渠道水分渗漏规律，分析不同因素对累积入渗量和水分运移距离的影响程度，并以渠道断面的宽深比界定水平、垂直运移距离的变化，建立渠道二维入渗多因素的湿润体运移距离模型，为掌握渠道入渗特性规律及开发新的入渗公式提供理论依据。

3.1 不同水深对田间渠道二维入渗特性的影响

3.1.1 渠道水深对土壤水分渗漏特性的影响

以野外静水法试验资料为基础，探究渠道水深对渠道二维入渗特性的影响及其变化规律。图5为不同压力水头下土壤水分入渗特性曲线。如图5（a）所示，在干土入渗过程中，入渗初期水分渗漏强度比较大，而随着入渗时间的延长，水分渗漏强度呈逐渐减小的变化趋势，一定时间后趋于稳定状态。主要因为入渗初期土壤水分湿润锋行进路程短，此刻水力梯度较大，而后随着水分在土体内湿润范围的扩大，水力梯度逐渐变小且在试验后期趋于稳定。相同的入渗时间，随着压力水头的增加，土壤水分的入渗强度呈增大的变化规律。相比压力水头为40 cm和60 cm条件下土壤水分入渗速率的变化过程可以发现，当土壤水分入渗处在第一阶段时，较高的水头导致土壤初始入渗强度较大；在入渗率线性递减阶段，压力水头对入渗率影响不显著；在稳定入渗阶段，较高的压力水头土壤稳定入渗率较高，但两者整体差异不显著。图5（b）表示随入渗时间的变化，不同压力水头条件下土壤水分的累积入渗量变化过程，该过程呈现在不同压力水头条件下，其累积入渗量随时间的变化具有相似的变化规律，即随着入渗时间的增长而逐渐增大，在土壤入渗初期快速增加，一定时间后呈线性增加的趋势。压力水头越小，累积入渗量越快进入线性增加阶段；相同入渗时间，土壤水分累积入渗量随着压力水头的增大而增加。压力水头为100 cm条件下，当入渗时长大于30 h，累积入渗量的增长速率略有下降。

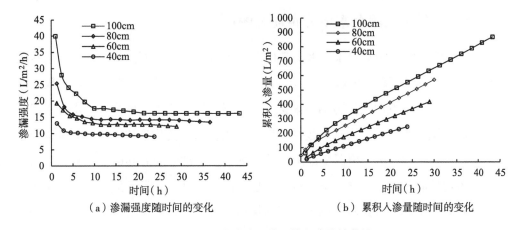

（a）渗漏强度随时间的变化　　　　　　（b）累积入渗量随时间的变化

图5　不同压力水头下的土壤入渗特性曲线

Fig.5　Soil infiltration characteristic curve under different pressure head

稳定入渗率与压力水头基本呈线性变化，如图6所示，其稳定入渗率与压力水头满足如下方程：

$$i_c=0.0009h+0.066 \tag{8}$$

式中：i_c为稳定入渗率，cm/h；h为压力水头，cm。

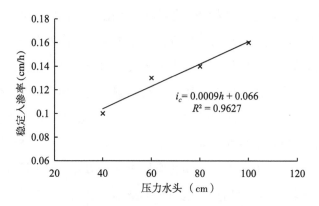

图6　稳定入渗率随压力水头的变化

Fig.6　Changes of steady infiltration rate with pressure head

3.1.2　渠床土壤含水率分布动态响应

图7为渠道坡顶处不同压力水头条件下的土壤含水率剖面。如图所示，当压力水头小于60 cm时，表层土壤（0～20 cm）含水率基本不随时间变化，随着渠道水深的逐渐增加，土壤湿润体范围逐渐扩大，表层土体的含水率值将随着水分入渗时间延长而逐渐增大，且压力水头越高，表层土壤含水率变化越快。当压力水头小于60 cm时，20～140 cm土壤深度范围内的土壤含水率剖面随时间的变化较小，均与水分入渗初始时刻的土壤含水率分布情况基本相似，而土层深度在140 cm以下土壤含水率随时间推移其变化较为剧烈，表明渠道水分入渗过程主要通过垂直入渗进入渠底土壤，侧向入渗水量较小且影响范围有限。当压力水头为80 cm时，表层土壤含水率变化范围由0～20 cm扩增至0～40 cm，并且在土壤深度40～140 cm范围内土壤含水率在入渗前期呈明显变化，入渗时刻为4h后土壤含水率基本无变化。当压力水头为100 cm时，表层土壤含水率变化范围由0～20 cm扩增至0～40 cm，土层深度为0～40 cm时土壤含水率较h=80 cm条件下的土壤含水率波动范围更大，且更快到达稳定状态。而土层深度40～140 cm范围内土壤含水率在入渗过程中无明显变化。随着压力水头的增大，渠底入渗水量越大，渠底土壤含水率随时间的变化越剧烈。

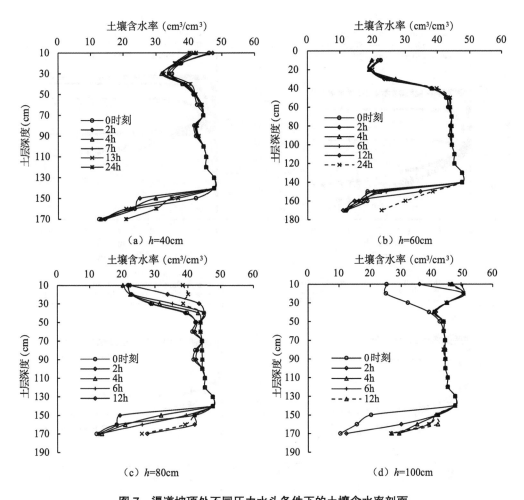

图 7 渠道坡顶处不同压力水头条件下的土壤含水率剖面

Fig.7 Profile of soil moisture content under different pressure head conditions at the top of canal slope

图 8 为渠底中心处不同压力水头条件下的土壤含水率随时间的变化过程。如图所示，随着试验开始，渠底各观测点的土壤含水率均在 0.5 h 之内便迅速增大至饱和含水率；边坡各观测点随着距离渠道水面越远土壤含水率升高越滞后，升高速率也越小；渠顶坡的土壤含水率则随时间的增加逐渐降低，这是由于土壤蒸发导致的土壤水分含量下降。经过一段时间的土壤入渗过程之后，各个观测点土壤含水率达到稳定，距离渠道中心越远，稳定的土壤含水率越低。当压力水头为 40 cm 时，渠道水深的影响范围最远仅为距离渠底中心 110 cm 的边坡上，随着压力水头的增大，渠道水深的影响范围也逐渐扩大。

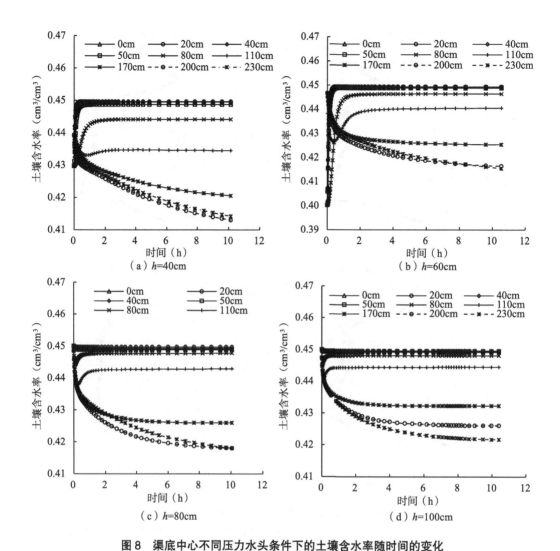

图8　渠底中心不同压力水头条件下的土壤含水率随时间的变化

Fig.8　Changes of soil moisture content with time under different pressure head conditions at the center of channel bottom

3.2　土壤物理性质对渠道土壤水分入渗的影响

3.2.1　土壤粘粒含量对水分入渗过程的影响

土壤质地是由土壤颗粒的大小及组合比例而区分的土壤类别，即土体内砂粒、粉粒和粘粒所占有的相对比例，通常以3种粒级所占的百分含量来表征。土壤粒级的差异，使得土壤物理性质发生变化，故土壤持水能力亦会明显不同，其中粘粒的粒径较细小，且粒间较紧密，比表面积大，孔隙较小、通透性弱，细小孔隙较多、毛管作用强。本节初步探明土壤粘粒含量对土壤持水能力的影响规律，分析粘粒差异对土壤水分入渗的累积入渗量影响。

3.2.1.1　粘粒含量对土壤持水能力的影响

土壤水分特征曲线用于分析研究土壤水吸力及含水量之间的关系。以不同粘粒含量的试验土样为基础，开展其土壤水分特征曲线的变化研究，其中每组试验设3次重复试验，重复试验结果之间呈无显著性差异，故以其试验平均值作为分析研究的基础数据。

如图9所示，不同试验处理条件下的土壤水分特征曲线均呈现出先剧烈下降，而后随着水吸力的增加，逐渐趋于平稳的变化，具体为0～100 kPa时，曲线明显比较陡直，而大于100 kPa时，曲线逐渐变得平缓；且随着土壤粘粒含量的增加，不同处理间土壤体积含水量之间差异较为明显，其中当水吸力为100 kPa时，随着粘粒含量的增加，土壤体积含水量依次增大6.45%、3.03%和5.88%；水吸力为300 kPa时，随着粘粒含量的增加，土壤体积含水量依次增大7.97%、3.71%和7.14%；水吸力1 500 kPa时，依次增大15.38%、6.67%和18.75%。可见随着水吸力的增加，土壤体积含水量增幅逐渐增大，且粘粒含量越大，土壤体积含水量越大。原因为粘粒含量影响其土壤结构、内部孔隙数量和土壤比表面积等，随着土壤粘粒含量的增加，土壤内部贮存孔隙会增多，比表面积增大，吸附能力越强，故其持水能力越强。

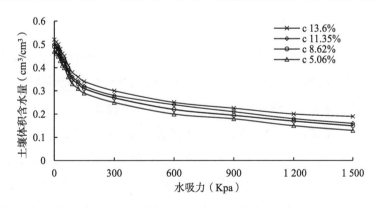

图 9　不同试验处理条件下土壤水分特征曲线

Fig.9　Soil water characteristic curve under different experimental treatment conditions

国内外大量研究表明，Gardner幂函数能较好地描述土壤含水量与水吸力的关系[103-106]。其表达式为：

$$S_{WC} = A\varphi^{-B} \tag{9}$$

式中：S_{wc}为土壤含水量，单位 cm^3/cm^3；φ为土壤水吸力，单位 cm^3/cm^3；参数A为土壤持水能力的大小，其中A值越大，持水能力越强；参数B则反映了土壤水势值变化时，土壤含水量变化的快慢程度。

结合试验分析结果，利用Excel和SPSS软件针对Gardner经验公式开展拟合研究其参数A、B值的变化规律。通过分析结果图10可知，模型参数A、B均随着土壤粘粒含量的增加呈良好的变化规律，其中模型参数A值随着试验土壤粘粒含量的增大而呈现线性正相关的变化趋势，结合公式变量含义可知，随着土壤粘粒含量的增加，试验土样整体的持水能力而升高；参数B值亦随粘粒含量的增大而线性增大。

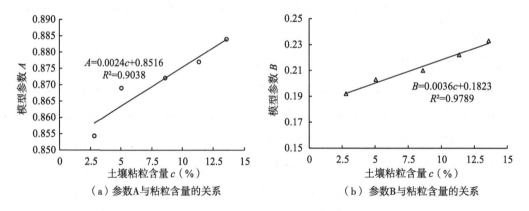

（a）参数A与粘粒含量的关系　　　　（b）参数B与粘粒含量的关系

图10　Gardner公式参数与粘粒含量的关系

Fig.10　Gardner formula parameters and the relationship between clay content

3.2.1.2　粘粒含量对累积入渗量的影响

如图11所示，本书选取渠道水深h为40 cm、底宽w为25 cm及边坡系数m为1，粘粒含量c分别为5.06%、8.62%、11.35%、13.60%的试验处理开展研究，探究粘粒含量变化对渠道土壤水分入渗过程中累积入渗量的影响程度。

由图11可见，随着时间的推移，累积入渗量均呈3阶段式变化趋势：其中试验初期为入渗较为剧烈阶段，水分入渗能力较强，入渗速率较大，亦累积入渗量变化较剧烈；经一段时间后，入渗过程呈缓慢过渡阶段，水分入渗能力相对变缓；在到达一定时间后，入渗水量基本达到稳定状态，累积入渗量呈线性增加的变化规律；且随着土壤粘粒含量的增加，累积入渗量的变化程度呈减小的变化趋势。而粘粒含量越小时，各阶段之间的间隔时间变短，亦可表明达到稳定入渗的时间较快。

通过不同试验处理条件下土壤水分入渗过程线可知，随着土壤粘粒含量的增大，以供试土壤粘粒含量5.06%为起始值，相比上个处理增幅依次为70.35%、

31.67%和19.82%，当试验开始至入渗45 min时段内，随着土壤粘粒含量的增加，累积入渗量的平均减小程度依次为25.39%、27.78%和25.01%；随着入渗时间推移至60 min，累积入渗量的变化程度趋于稳定，减小幅度依次为21.72%、24.61%和21.31%；在试验结束时刻240 min时，累积入渗量的减小幅度依次为21.54%、22.23%和15.73%。

土壤水分入渗过程的累积入渗量随着土壤粘粒含量的增加而呈减小的变化趋势。这是因为土壤持水能力可用其土壤颗粒的吸附力和毛管力共同作用所解释，随土壤粘粒含量的增加，土壤内部贮存孔隙会增多，毛管作用力便增大；土壤颗粒比表面积增大，其吸附能力增强，吸附力亦变大，故土壤的持水能力越强。反之，土体的渗水能力减弱，亦水分入渗能力减弱，累积入渗量减小。

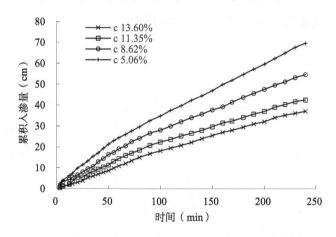

图 11　不同粘粒含量条件下累积入渗量的变化
Fig.11　Changes of cumulative infiltration under different clay content conditions

通过比对不同土壤粘粒含量条件下土壤水分入渗累积入渗量的变化，以函数形式将不同试验处理的累积入渗量与时间关系进行拟合分析，均呈现以幂函数形式能够较好地描述其变化规律，其拟合参数情况见图12，其中拟合函数参数 a 值随着土壤粘粒含量的增大，呈显著减小的变化趋势（$P < 0.05$）；参数 b 值则呈随之增大的变化趋势。

综上表明，试验处理条件的累积入渗量与时间基本呈幂函数相关关系，随着土壤粘粒含量的增大，拟合方程参数 a 值显著减小，b 值参数增大，两参数均随着土壤粘粒含量的变化呈线性相关关系。土壤粘粒含量的变化对其持水能力影响显著，随着土壤粘粒含量的增大，土体持水效果更明显，释水过程变缓，入渗速率减弱，累积入渗量则逐渐减小。

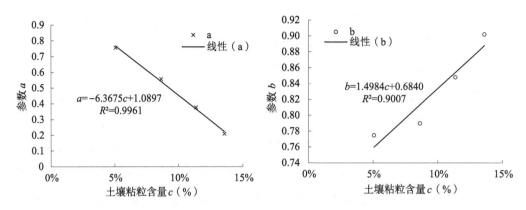

图 12　拟合方程参数与粘粒含量的关系

Fig.12　The relationship between the parameters of the fitting equation and the clay content

3.2.2　土壤初始含水量对累积入渗量的影响

图 13（a）土壤初始含水量为 0.20 cm³/cm³、0.24 cm³/cm³、0.28 cm³/cm³ 的试验处理，以土壤初始含水量为 0.20 cm³/cm³ 为起始值，相比上个处理增幅依次为 20%、16.67%，试验开始至入渗 50 min 时段内，随着土壤初始含水量的增大，累积入渗量的平均减小程度依次为 18.39% 和 19.72%，而后随着时间的推移，100 min 时段内，累积入渗量的变化程度趋于定值，其减小程度依次为 13.18% 和 13.50%，在试验结束时刻 240 min 时，对应累积入渗量的减小幅度依次为 7.91% 和 8.59%。图 13（b）试验开始至入渗 40 min 时段内，随着土壤初始含水量的增大，累积入渗量的平均减小程度依次为 16.01% 和 16.67%；而后随着时间的推移，累积入渗量的变化程度趋于定值，其减小幅度依次为 11.87% 和 12.12%；在试验结束时刻 240 min 时，对应累积入渗量的减小幅度为 7.56% 和 8.10%。由此可见，随着土壤初始含水量的增加，不同试验处理条件下累积入渗量呈不同程度的减小趋势；且土壤容重及含水量共同作用的情况下，土壤容重越大，对应含水量变化的累积入渗量之间的减幅差异越小。

究其原因为土壤初始含水量影响其水分入渗过程，同样改变水分传导过程[107-108]。大量研究均表明：土壤初始入渗速率随着初始含水量的增加而逐渐减小，趋近稳定入渗的时间会相应变短。但改变初始含水量对土壤水分入渗的累积入渗量及稳定入渗率影响方面存在两种观点：一方面研究表明，随着初始含水量的增大，土壤水分入渗的累积入渗量和稳定入渗率均呈减弱的变化趋势[46, 109]；而另一方面研究成果恰恰相反[110-111]。本书的研究成果表明：土壤水分入渗的累积入渗量随着初始含水量的增加而呈减弱的趋势，这是由于土壤基质势会随着初始含水量的增大而变小，水分入渗的累积入渗量随之减小，当土体处于较高的初始含水量时，水分由湿润区至未湿润区运移能力相对变弱，土壤吸力随着水势梯度变小而减弱，故土壤水分的入渗能力减弱，导致水分入渗的累积入渗量呈减小的变化趋势。

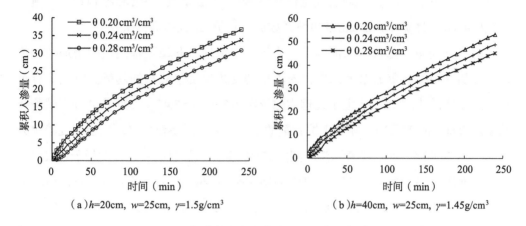

（a）h=20cm, w=25cm, γ=1.5g/cm^3 （b）h=40cm, w=25cm, γ=1.45g/cm^3

图 13 不同初始含水量对累积入渗量的影响

Fig.13 Effect of initial water content change on cumulative infiltration

通过比对不同初始含水量条件下土壤水分累积入渗量的变化，以函数形式将不同试验处理的累积入渗量与时间关系进行拟合分析，均呈现以幂函数形式能够较好地描述其变化规律，其拟合参数情况见表7，由表可知，不同试验处理条件下的决定系数 R^2 均在0.955以上，表明其拟合效果较好。其中拟合函数参数 a 值均随着土壤初始含水量的增大，呈显著减小的线性变化趋势（$P < 0.05$）；参数 b 值则呈随之增大的线性变化趋势。表明试验处理条件下的累积入渗量与时间基本呈幂函数相关关系，随着土壤含水量的增大，拟合方程参数 a 显著减小，参数 b 增大，两参数均随着含水量变化呈线性相关关系，其土壤水分入渗过程变缓，累积入渗量逐渐减小。

表7 拟合参数与初始含水量的关系

Table.7 The relationship between fitting parameters and initial water content

试验处理	a值	b值	R^2	拟合方程形式
$h20-w25-\gamma1.5-\theta0.20$	1.195	0.676	0.998	$a_1=-18.897\theta+5.576$（R^2=0.984） $b_1=3.868\theta-0.132$（R^2=0.986）
$h20-w25-\gamma1.5-\theta0.24$	0.693	0.761	0.987	
$h20-w25-\gamma1.5-\theta0.28$	0.385	0.854	0.955	
$h40-w25-\gamma1.45-\theta0.20$	1.490	0.699	0.996	$a_2=-11.212\theta+3.186$（R^2=0.984） $b_2=4.794\theta-0.247$（R^2=0.986）
$h40-w25-\gamma1.45-\theta0.24$	1.027	0.753	0.998	
$h40-w25-\gamma1.45-\theta0.28$	0.656	0.823	0.989	

3.2.3　土壤容重对累积入渗量的影响

为探究改变土壤容重对渠道水分入渗过程中累积入渗量的影响程度，书中选取图 14（a）渠道水深 h 为 20 cm、底宽 w 为 15 cm 及边坡系数 m 为 1 和图 14（b）渠道水深 h 为 40 cm、底宽 w 为 25 cm 及边坡系数 m 为 1 的两组试验进行研究。

由图 14 可见，随着时间的推移，累积入渗量均呈非稳定幂函数的增加变化规律，且随着土壤容重的增大，累积入渗量的变化程度呈减小的趋势。以土壤容重 1.40 g/cm³ 为起始值，相比上个处理增幅依次为 3.57%、3.45%，如图 14（a）试验开始至入渗 60 min 时段内，随着土壤容重的增加，累积入渗量的平均减小程度依次为 29.23% 和 26.90%，而后随着入渗时间的推移，累积入渗量的变化程度趋于定值，减小幅度依次为 23.58% 和 20.30%，在试验结束时刻 240 min 时，累积入渗量的减小幅度为 18.01% 和 16.76%。图 14（b）试验开始至入渗 50 min 时段内，随着土壤容重的增大，累积入渗量的平均减小程度依次为 24.68% 和 28.81%，而后随着入渗时间的推移，累积入渗量的变化程度趋于定值，减小幅度依次为 17.04% 和 18.43%，在试验结束时刻 240 min 时，累积入渗量的减小幅度依次为 12.68% 和 13.49%。

近年来，相关学者对于土壤容重的改变对土壤水分入渗的影响也开展了大量研究[112-116]，得到的结论与本次试验成果一致：土壤水分入渗的累积入渗量随着容重的增加而呈减小的变化趋势。这是因为随土壤容重的减小，土壤团粒结构越明显、土壤变得疏松、土壤孔隙增大，从而导致水分入渗能力增强，故土壤水分入渗的累积入渗量相应增大[117-119]。费良军等[120]研究表明土壤容重、初始含水量、埋深以及质地等因素均显著影响其土壤水分入渗能力，而且土壤容重这一因素尤为显著。

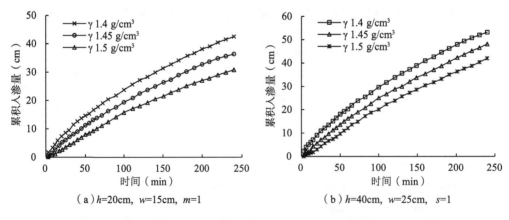

（a）h=20cm, w=15cm, m=1　　　　（b）h=40cm, w=25cm, s=1

图 14　不同容重变化对累积入渗量的影响

Fig.14　Effect of soil bulk density change on cumulative infiltration

通过不同土壤容重条件下土壤水分累积入渗量比对分析可知，以函数形式将不同试验处理进行拟合分析，均呈现以幂函数形式能够较好地描述其变化规律，其拟合方程参数情况见表8，由表可知，不同试验处理条件下的决定系数R^2均在0.943以上，表明其拟合效果较好。拟合函数参数a值均随着土壤容重的增大，呈显著减小的线性变化趋势（$P < 0.05$）；参数b值则呈随之增大的线性变化趋势。同样表明随着土壤容重的增大，其土壤水分入渗过程变缓，累积入渗量逐渐减小。

表8　拟合参数与容重的关系

Table.8　The relationship between fitting parameters and bulk density

试验处理	a值	b值	R^2	拟合方程
$h20-w15-\gamma1.40-m1$	1.291	0.288	0.997	
$h20-w15-\gamma1.45-m1$	0.697	0.775	0.983	$a_3=-9.420\gamma+14.438$（$R^2=0.984$） $b_3=5.830\gamma-7.809$（$R^2=0.986$）
$h20-w15-\gamma1.50-m1$	0.349	0.871	0.981	
$h40-w25-\gamma1.40-m1$	1.484	0.704	0.999	
$h40-w25-\gamma1.45-m1$	0.739	0.813	0.987	$a_4=-11.040\gamma+16.876$（$R^2=0.984$） $b_4=2.070\gamma-2.192$　（$R^2=0.986$）
$h40-w25-\gamma1.50-m1$	0.380	0.911	0.943	

3.3　渠道水力要素对土壤水分入渗的影响

3.3.1　渠道底宽对累积入渗量的影响

本节通过试验研究渠道底宽的变化对土壤水分入渗的累积入渗量影响，图15（a）渠道水深h为20 cm、土壤容重γ为1.45 g/cm³、边坡系数m为1，图15（b）渠道水深h为30 cm、土壤容重γ为1.45 g/cm³、边坡系数m为1的两组试验。

由图15可见，随着时间的推移，累积入渗量均呈非稳定幂函数增加的变化规律，以底宽10 cm为起始对比项，随着渠道底宽的增大依次比较上个处理，增幅为50%、33.33%和25%，累积入渗量的变化程度呈增加的趋势。图15（a）在40 min内随着渠道底宽的增加，累积入渗量的平均增大程度依次为13.19%、12.42%和11.72%，而后随着入渗时间的延长，60 min累积入渗量的变化程度趋于定值，依次为7.65%、7.13%、6.87%，在试验结束时刻240 min时，累积入渗量的增大幅度依次为5.20%、5.13%、4.86%。图15（b）在40 min内随着渠道底宽的增加，累积入渗量的平均增大程度依次为13.77%、12.68%和12.20%，而后随着入渗时间的延长，累积入渗量的变化程度趋于定值，依次为7.83%、7.49%和7.10%，在试验结束时刻240 min时，土壤水分入渗的累积入渗量随着渠道底宽的增大而增加，幅度依次为4.90%、4.81%和4.57%。

由此可见，随着渠道底宽的增加，累积入渗量的变化为幂函数增大的变化趋势，这是由于随着渠道底宽的增加，水分入渗界面的湿周增大，且受到水头压力影响垂直界面处水分通量也随之增加，故土壤水分入渗能力递增，入渗速率增大，相应的累积入渗量增大。

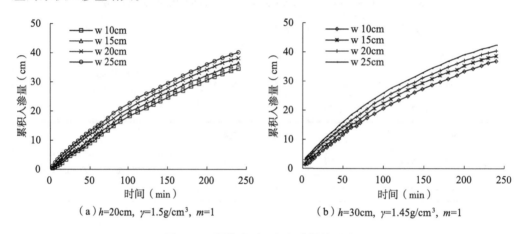

（a）h=20cm, γ=1.5g/cm³, m=1　　　　（b）h=30cm, γ=1.45g/cm³, m=1

图15　不同底宽对累积入渗量的影响

Fig.15　Influence of channel bottom width change on cumulative infiltration

通过不同渠道底宽条件下累积入渗量比对分析可知，以函数形式将不同试验处理进行拟合分析，均呈现以幂函数形式能够较好地描述其变化规律，其拟合参数情况见表9。不同试验处理条件下的决定系数R^2均在0.955以上，表明其拟合效果较好。拟合函数参数a值均随着渠道底宽的增大，呈显著增加的变化趋势（$P < 0.05$）；参数b值则呈随之减小的变化趋势。表明随着渠道底宽的增大，其土壤水分入渗能力增强，累积入渗量逐渐增大。

表9　拟合参数与底宽的关系

Table.9　Relationship between fitting parameters and base width

试验处理	a值	b值	R^2	拟合方程
$h20-w10-\gamma1.45-m1$	0.440	0.851	0.997	
$h20-w15-\gamma1.45-m1$	0.573	0.811	0.9838	a_s=0.039w+0.017（R^2=0.985）
$h20-w20-\gamma1.45-m1$	0.786	0.762	0.989	b_s=−0.009w+0.940（R^2=0.986）
$h20-w25-\gamma1.45-m1$	1.025	0.721	0.993	

续　表

试验处理	a值	b值	R^2	拟合方程
$h30-w10-\gamma1.45-m1$	0.729	0.772	0.994	
$h30-w15-\gamma1.45-m1$	0.974	0.728	0.992	$a_6=0.058w+0.125$（$R^2=0.984$）
$h30-w20-\gamma1.45-m1$	1.286	0.685	0.997	$b_6=-0.008w+0.849$（$R^2=0.986$）
$h30-w25-\gamma1.45-m1$	1.598	0.654	0.991	

3.3.2　渠道边坡系数对累积入渗量的影响

本节通过试验研究边坡系数的变化对土壤水分入渗的累积入渗量影响，设计图16（a）渠道水深h为20 cm、底宽w为25 cm、土壤容重γ为1.45 g/cm³和1.5 g/cm³的2组与图16（b）渠道水深h为40 cm、底宽w为15 cm、土壤容重γ为1.4 g/cm³和1.45 g/cm³的2组试验，共4组试验。

由图16可见，随着时间的推移，累积入渗量均呈非稳定幂函数增加的规律，且随着边坡系数的增大，累积入渗量的变化程度呈小幅度增大的趋势。以渠道边坡系数1.0为起始值，相比上个处理增幅依次为20%、25%，图16（a）当土壤容重为1.45 g/cm³处理条件下，在35 min内随着渠道水深的增加，累积入渗量的平均增大程度依次为14.05%和13.51%，而后随着时间的推移，55 min累积入渗量的变化程度基本为常值，依次为8.14%和7.87%，在试验结束240 min时，累积入渗量的增加幅度依次为3.17%和2.97%；土壤容重为1.5 g/cm³情况下，在35 min内随着渠道水深的增加，累积入渗量的平均增大程度依次为10.17%和10.10%，而后随着时间的推移，55 min累积入渗量的变化程度基本为常值，依次为7.85%和7.15%，在试验结束240 min时，累积入渗量的增加幅度依次为2.71%和2.68%。

图16（b）在土壤容重为1.4 g/cm³情况下，在35 min内随着渠道水深的增加，累积入渗量的平均增大程度依次为11.23%和10.61%，而后随着时间的推移，55 min累积入渗量的变化程度基本为常值，依次为8.31%和7.72%，在试验结束240 min时，累积入渗量的增加幅度依次为3.10%和3.06%；土壤容重为1.5 g/cm³情况下，在45 min内随着渠道水深的增加，累积入渗量的平均增大程度依次为10.72%和9.79%，而后随着时间的推移，65 min累积入渗量的变化程度基本为常值，依次为8.22%和6.93%，在试验结束240 min时，累积入渗量的增加幅度依次为2.75%和2.54%。

由此可见，随着边坡系数的增加，累积入渗量的变化为增大的趋势，且与其他变量对比可见其变化幅度相对较小。这是由于随着渠道边坡系数的增大，水分入渗界面的湿周有所增大，且在入渗水头相对较小的情况下，湿周有所改变，但变化幅度不大，故土壤水分入渗量有所增加，但其变化程度相对较小。

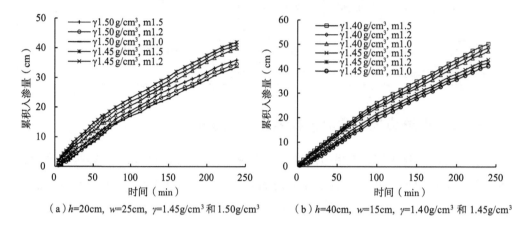

（a）h=20cm, w=25cm, γ=1.45g/cm³ 和 1.50g/cm³   （b）h=40cm, w=15cm, γ=1.40g/cm³ 和 1.45g/cm³

图16　不同边坡系数对累积入渗量的影响

Fig.16　Influence of slope coefficient change on cumulative infiltration

通过不同边坡系数条件下土壤水分入渗的累积入渗量分析可知，以函数形式将不同试验处理进行拟合分析，均呈现以幂函数形式能够较好地描述其变化规律，其拟合参数情况见表10，由表可知，不同试验处理条件下的决定系数 R^2 均在0.955以上，表明其拟合效果较好。其中拟合函数参数 a 值均随着边坡系数的增大，呈显著增大的变化趋势（$P < 0.05$）；参数b值则呈随之减小的变化趋势。表明随着渠道边坡系数的增大，土壤水分入渗能力增强，累积入渗量逐渐增大。

表10　拟合参数与边坡系数的关系

Table.10　The relationship between fitting parameters and slope coefficient

试验处理	a值	b值	R^2	拟合方程
$h20-w25-\gamma1.45-m1.0$	0.716	0.784	0.998	$a_7=0.874m-0.146$（R^2=0.994） $b_7=-0.153m+0.934$（R^2=0.979）
$h20-w25-\gamma1.45-m1.2$	0.923	0.743	0.998	
$h20-w25-\gamma1.45-m1.5$	1.157	0.706	0.998	
$h20-w25-\gamma1.50-m1.0$	0.351	0.886	0.980	$a_8=0.387m-0.041$（R^2=0.994） $b_8=-0.135m+1.022$（R^2=0.998）
$h20-w25-\gamma1.50-m1.2$	0.415	0.862	0.982	
$h20-w25-\gamma1.50-m1.5$	0.543	0.819	0.979	
$h40-w15-\gamma1.40-m1.0$	0.618	0.842	0.997	$a_9=0.339m+0.290$（R^2=0.968） $b_9=-0.066m+0.905$（R^2=0.939）
$h40-w15-\gamma1.40-m1.2$	0.714	0.821	0.998	
$h40-w15-\gamma1.40-m1.5$	0.791	0.808	0.996	

试验处理	a值	b值	R^2	拟合方程
$h40-w15-\gamma1.45-m1.0$	0.281	0.965	0.994	$a_{10}=0.291m-0.007$（$R^2=0.998$） $b_{10}=-0.132m+1.095$（$R^2=0.989$）
$h40-w15-\gamma1.45-m1.2$	0.345	0.932	0.995	
$h40-w15-\gamma1.45-m1.5$	0.427	0.898	0.988	

3.3.3　渠道水深对累积入渗量的影响

书中选取图17（a）w为20 cm、m为1及γ为1.4 g/cm³和图17（b）w为25 cm、m为1及γ为1.5 g/cm³的两组试验探究改变渠道水深对其累积入渗量的影响。由图17可见，随着时间的推移，累积入渗量均呈幂函数增大的变化规律，且随着渠道水深的增大，累积入渗量的变化程度呈增加的趋势。图17（a）在35 min内随着渠道水深的增加，累积入渗量的平均增大程度依次为18.25%、17.65%、15.43%和14.17%，而后随着时间的推移，55 min累积入渗量的变化程度基本为常值，依次为12.15%、11.65%、10.29%和9.15%，在试验结束时刻240 min时，随着渠道水深依次增大25%、20%、16.67%和14.28%，对应累积入渗量的增大幅度依次为9.09%、8.53%、7.68%和5.30%。图17（b）在40 min内随着渠道水深的增加，累积入渗量的平均增大程度依次为12.87%、11.09%、10.74%和10.52%，而后随着时间的推移，60 min累积入渗量的变化程度基本为常值，依次为8.26%、7.83%、7.03%和6.62%，在试验结束时刻240 min时，随着渠道水深的依次增大25%、20%、16.67%和14.28%，对应的累积入渗量的增幅依次为7.36%、7.24%、6.79%和6.70%。由此可见，在土壤容重1.4 g/cm³、1.5 g/cm³条件下，渠道水深均对土壤水分入渗过程中累积入渗量的影响较大，累积入渗量随着渠道水深的增加而增大；而且土壤容重较大时，水深变化对水分入渗效果影响相对减弱。

综上所述，渠道水深对土壤水分入渗过程中累积入渗量的影响较大，累积入渗量随着渠道水深的增加而增大，其主要原因概括为：渠道水深的增大导致模拟渠道的入渗湿周增大，增加了水分入渗界面的面积；再者土壤水分运移由水势梯度决定，水分入渗受基质势和压力势共同作用，渠道水深增加致使入渗界面处压力势逐渐增大，故其水分入渗能力增强。湿周对渠道土壤水分入渗过程的影响主要是通过渠道水深和底宽的改变而发生变化，即随着入渗湿周的增加而改变入渗处受水面积，故导致土壤水分入渗的累积入渗量增加[121-123]。

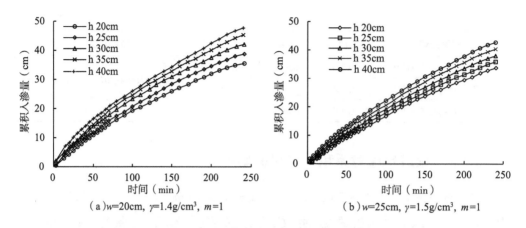

（a）w=20cm，γ=1.4g/cm³，m=1　　　　（b）w=25cm，γ=1.5g/cm³，m=1

图 17　不同渠道水深对累积入渗量的影响

Fig.17　Influence of channel water depth change on cumulative infiltration

　　通过不同渠道水深条件下土壤水分入渗的累积入渗量比对可知，以函数形式将不同试验处理进行拟合分析，均呈现以幂函数形式能够较好地描述其变化规律，其拟合方程参数情况见表11，由表可知，不同试验处理条件下的决定系数R^2均在0.949以上，表明其拟合效果较好。其中拟合函数参数a值均随着渠道水深的增大，呈显著增大的变化趋势（$P < 0.05$）；参数b值则呈随之减小的变化趋势。表明随着渠道水深的增大，土壤水分入渗能力增强，累积入渗量逐渐变大。

表 11　拟合参数与水深的关系

Table.11　Relationship between fitting parameters and water depth

试验处理	a值	b值	R^2	拟合方程
$h20-w20-\gamma1.40-m1.0$	0.695	0.771	0.990	
$h25-w20-\gamma1.40-m1.0$	0.831	0.753	0.968	
$h30-w20-\gamma1.40-m1.0$	1.077	0.733	0.987	$a_{11}=0.034h-0.009$（R^2=0.934） $b_{11}=-0.004m+0.851$（R^2=0.983）
$h35-w20-\gamma1.40-m1.0$	1.080	0.720	0.997	
$h40-w20-\gamma1.40-m1.0$	1.430	0.689	0.998	
$h20-w25-\gamma1.50-m1.0$	0.424	0.852	0.949	
$h25-w25-\gamma1.50-m1.0$	0.500	0.832	0.968	
$h30-w25-\gamma1.50-m1.0$	0.596	0.811	0.987	$a_{12}=0.023h-0.069$（R^2=0.981） $b_{12}=-0.005m+0.950$（R^2=0.995）
$h35-w25-\gamma1.50-m1.0$	0.740	0.781	0.997	
$h40-w25-\gamma1.50-m1.0$	0.886	0.758	0.989	

3.4 渠道二维入渗湿润体运移距离模型的建模

渠道输水过程中渗漏水可简化为水分以垂直方向和水平方向渗入土体,与农田灌溉方面的入渗过程相比,渠道土壤水分入渗过程更为复杂,且影响因素众多,一般而言,渠道水力要素及土壤物理特性指标等均对渠道土壤水分入渗过程产生影响;况且渠道断面宽深比的变化对不同方向湿润体运移距离的影响有待于研究。因此,以渠道水深、底宽、边坡系数、土壤粘粒含量、容重和初始含水量为试验变量,探明不同宽深比条件下水平、垂直方向湿润体运移距离的变化规律,建立多因素的渠道土壤水分湿润体运移距离模型。

3.4.1 不同渠道水深对湿润体运移距离的影响

图 18 为不同渠道水深 h(20 cm、25 cm、30 cm、35 cm和40 cm)、渠道底宽为 30 cm、边坡系数为 1、土壤粘粒含量为 6.69%、容重为 1.4 g/cm³ 和初始含水量为 0.24 cm³/cm³ 的条件下,土壤水分垂直向和水平向湿润体运移距离的过程线。由图可知,随着渠道水深的增加,水平向 R_x、垂直向 R_z 的湿润锋运移距离趋于增加,但不同方向的湿润体运移速率亦随着渠道的宽深比 α 变化而变化。这是因为随着渠道水深的增大,土体内各入渗点的势能随之发生变化,再者入渗界面的受水面积变大,而渠道的宽深比发生变化,水平向和垂直向入渗界面亦发生变化。通过试验分析处理可知,湿润体运移距离 R 与时间 $t^{0.5}$ 存在较好的拟合关系,以此开展试验研究。

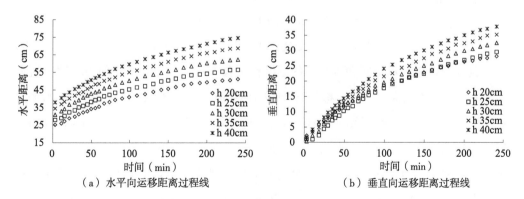

（a）水平向运移距离过程线　　　　（b）垂直向运移距离过程线

图 18 不同渠道水深对湿润锋运移距离的影响

Fig.18 The influence of water depth in different channels on the migration distance of moist peak

表12 不同渠道水深对湿润锋运移距离的拟合关系

Table.12 The fitting relation of water depth in different channels to migration distance of moist peak

底宽w(cm)	水深h(cm)	渠道宽深比α	水平向拟合方程R_x	R^2	垂直向拟合方程R_z	R^2
30	20	1.50	$R_{x1}=4.291t^{0.5}+25$	0.960	$R_{z1}=5.522t^{0.5}$	0.934
30	25	1.20	$R_{x2}=4.942t^{0.5}+27.5$	0.966	$R_{z2}=5.779t^{0.5}$	0.923
30	30	1.00	$R_{x3}=5.649t^{0.5}+30$	0.978	$R_{z3}=6.268t^{0.5}$	0.934
30	35	0.86	$R_{x4}=6.433t^{0.5}+32.5$	0.973	$R_{z4}=6.400t^{0.5}$	0.929
30	40	0.75	$R_{x5}=7.318t^{0.5}+35$	0.970	$R_{z5}=6.512t^{0.5}$	0.932

由表12可知，随着渠道水深的增加，水平向、垂直向的拟合参数值均呈增大的变化趋势，且呈良好线性相关关系，综上分析可得出渠道水深与不同向湿润锋的拟合函数：

$$R_x=(0.151h+1.196)\times t^{0.5}+0.5\times B \qquad R^2=0.996$$
$$R_z=(0.052h+4.536)\times t^{0.5} \qquad R^2=0.932 \qquad （10）$$

式中：R_x为水平向湿润锋运移距离，cm；R_z为垂直向湿润锋运移距离，cm；B为渠道水面宽度，cm。

通过分析不同水深条件下水平向和垂直向的湿润锋运移距离可知，在渠道底宽相同的条件下，随着渠道水深的变化，渠道的宽深比亦发生变化，不同方向水分运移速率同样差异变化。随着渠道宽深比α的减小，水平向、垂直向的拟合参数A均呈增大的变化趋势，且呈线性相关关系，以各处理的宽深比与水平向与垂直向运移距离的相关关系为基础，得出渠道宽深比与不同向湿润锋的拟合函数：

$$R_x=(9.869-3.897\alpha)\times t^{0.5} \qquad R^2=0.936$$
$$R_z=(7.592-1.407\alpha)\times t^{0.5} \qquad R^2=0.961 \qquad （11）$$

通过分析得到水平向和垂直向的湿润锋运移方程，联立方程组便可求解渠道宽深比的变化对不同向湿润锋运移距离影响的临界值。当$\alpha=0.914$时，可理解为水平向运移距离等于垂直向运移距离；$\alpha>0.914$时，垂直向运移距离大于水平向；$\alpha<0.914$时，湿润锋运移距离则相反。由此可见，梯形渠道宽深比对不同方向上水分运移影响显著，主要因为渠道宽深比较大时，渠道断面呈宽浅式，垂直方向的受水面积相对较大，水分进入土壤的通道增大，使其入渗速率增强，湿润锋渗入范围逐渐扩大。

3.4.2　不同渠道底宽对湿润体运移距离的影响

图 19 为 w 为 10 cm、15 cm、20 cm 和 25 cm，h 为 20 cm，γ 为 1.45 g/cm³ 条件下，土壤水分垂直向和水平向湿润锋运移距离的过程线。由图可知，随着渠道底宽的增加，水平向 R_x、垂直向 R_z 的湿润锋运移距离趋于增加。这是因为随着渠道底宽的增大，水分入渗湿周变大，水分界面的受水面积变大，入渗水量增加，湿润锋运移距离增大。以湿润锋运移距离 R 与时间 $t^{0.5}$ 的关系进行拟合不同底宽下水平及垂直向运移距离。

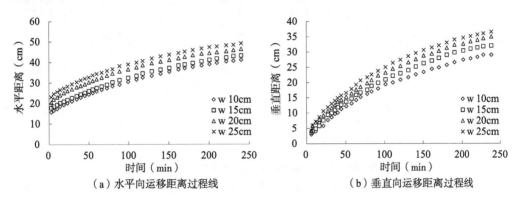

（a）水平向运移距离过程线　　　　　（b）垂直向运移距离过程线

图 19　不同渠道底宽对湿润锋运移距离的影响

Fig.19　Influence of different channel bottom width on migration distance of moist peak

表 13　不同渠道底宽对湿润锋运移距离的拟合关系

Table.13　The fitting relation of different channel bottom width to the migration distance of moist peak

渠道底宽 w（cm）	水平向拟合方程 R_x	R^2	垂直向拟合方程 R_z	R^2
10	$R_{x1}=4.256t^{0.5}+15$	0.973	$R_{z1}=5.583t^{0.5}$	0.931
15	$R_{x2}=4.781t^{0.5}+17.5$	0.962	$R_{z2}=6.012t^{0.5}$	0.925
20	$R_{x3}=6.260t^{0.5}+20$	0.979	$R_{z3}=6.442t^{0.5}$	0.938
25	$R_{x4}=6.960t^{0.5}+22.5$	0.975	$R_{z5}=6.657t^{0.5}$	0.959

由表 13 可知，随着渠道底宽的增加，水平向、垂直向的拟合参数值均呈增大的变化趋势，且呈良好线性相关关系，综上分析可得出渠道底宽与不同向湿润锋的拟合函数：

$$R_x=(0.192w+2.207)\times t^{0.5}+0.5\times B \qquad R^2=0.967$$

$$R_z=(0.073w+4.896)\times t^{0.5} \qquad R^2=0.980 \qquad （12）$$

3.4.3 不同边坡系数对湿润体运移距离的影响

图 20 为不同边坡系数 m（1.0、1.2 和 1.5）条件下，土壤水分垂直向和水平向湿润锋运移距离的过程线。由图可知，随着边坡系数的增加，水平向 R_x、垂直向 R_z 的湿润锋运移距离有所增加，但变化幅度相对较小。以湿润锋运移距离 R 与时间 $t^{0.5}$ 的关系进行拟合不同边坡系数条件下水平及垂直方向运移距离。

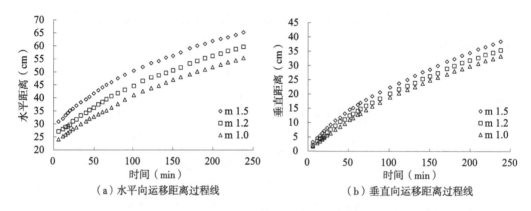

（a）水平向运移距离过程线　　　　（b）垂直向运移距离过程线

图 20　不同边坡系数对湿润锋运移距离的影响

Fig.20　The influence of different slope coefficients on the migration distance of moist peak

表 14　不同边坡系数对湿润锋运移距离的拟合关系

Table.14　The fitting relation of different slope coefficients to the migration distance of moist peak

边坡系数 m	水平向拟合方程 R_x	R^2	垂直向拟合方程 R_z	R^2
1.0	$R_{x1}=2.132t^{0.5}+22.5$	0.959	$R_{z1}=2.177t^{0.5}$	0.9664
1.2	$R_{x2}=2.282t^{0.5}+24.5$	0.963	$R_{z2}=2.308t^{0.5}$	0.973
1.5	$R_{x4}=2.444t^{0.5}+27.5$	0.973	$R_{z5}=2.550t^{0.5}$	0.975

由表 14 可知，随着边坡系数的增加，水平向、垂直向的拟合参数值均呈增大的变化趋势，且呈良好线性相关关系，综上分析可得出边坡系数与不同向湿润锋的拟合函数：

$$R_x=(0.618m+1.524) \times t^{0.5}+0.5 \times B \qquad R^2=0.992$$

$$R_z=(0.752m+1.415) \times t^{0.5} \qquad R^2=0.993 \qquad （13）$$

3.4.4 不同粘粒含量对湿润体运移距离的影响

图 21 为不同土壤粘粒含量 c（5.06%、8.62%、11.35% 和 13.60%）条件下，土壤水分垂直向和水平向湿润锋运移距离的过程线。由图可知，随着土壤粘粒含量的增

加，水平向R_x、垂直向R_z的湿润锋运移距离显著减小。以湿润锋运移距离R与时间$t^{0.5}$的关系进行拟合不同粘粒含量条件下水平及垂直方向运移距离。

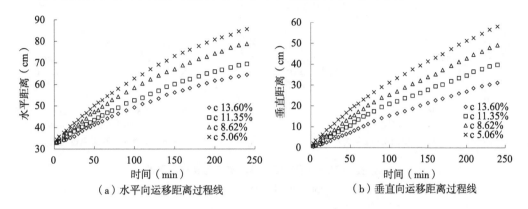

（a）水平向运移距离过程线　　　　　（b）垂直向运移距离过程线

图 21　不同土壤粘粒含量对湿润锋运移距离的影响

Fig.21　Effects of different clay content on the migration distance of moist peak

表 15　不同粘粒含量对湿润锋运移距离的拟合关系

Table.15　The fitting relation of different clay content to the migration distance of moist peak

土壤粘粒含量c	水平向拟合方程R_x	R^2	垂直向拟合方程R_z	R^2
5.06%	$R_{x1}=4.234t^{0.5}+32.5$	0.998	$R_{z1}=3.749t^{0.5}$	0.931
8.62%	$R_{x2}=3.796t^{0.5}+32.5$	0.995	$R_{z2}=3.173t^{0.5}$	0.924
11.35%	$R_{x3}=3.195t^{0.5}+32.5$	0.991	$R_{z3}=2.566t^{0.5}$	0.916
13.60%	$R_{x4}=2.872t^{0.5}+32.5$	0.996	$R_{z5}=2.010t^{0.5}$	0.934

由表15可知，随着土壤粘粒含量的增加，水平向、垂直向的拟合参数值均呈减小的变化趋势，且呈良好线性相关关系，综上分析可得出粘粒含量与不同向湿润锋的拟合函数：

$$R_x=（5.111–0.164c）\times t^{0.5}+32.5　　R^2=0.987$$

$$R_z=（4.839–0.203c）\times t^{0.5}　　R^2=0.990　　　　（14）$$

3.4.5　不同土壤容重对湿润体运移距离的影响

图 22为不同土壤容重γ（1.40 g/cm³、1.45 g/cm³和1.50 g/cm³）条件下，土壤水分垂直向和水平向湿润锋运移距离的过程线。由图可知，随着土壤容重的增加，水平向R_x、垂直向R_z的湿润锋运移距离呈显著减小的变化趋势。以湿润锋运移距离R与时间$t^{0.5}$的关系进行拟合不同容重条件下水平及垂直方向运移距离。

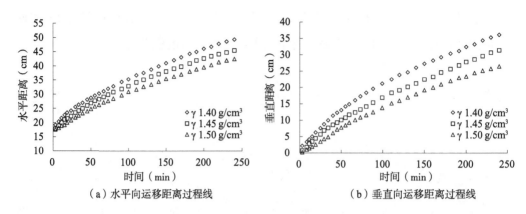

（a）水平向运移距离过程线　　　　　　　　　（b）垂直向运移距离过程线

图 22　不同土壤容重对湿润锋运移距离的影响

Fig.22　Effects of different soil bulk density on migration distance of moist peak

表 16　不同土壤容重对湿润锋运移距离的拟合关系

Table.16　The fitting relation of different soil bulk density to the migration distance of moist peak

土壤容重 γ（g/cm³）	水平向拟合方程 R_x	R^2	垂直向拟合方程 R_z	R^2
1.40	$R_{x1}=2.058t^{0.5}+17.5$	0.997	$R_{z1}=2.332t^{0.5}$	0.995
1.45	$R_{x2}=1.807t^{0.5}+17.5$	0.974	$R_{z2}=2.027t^{0.5}$	0.991
1.50	$R_{x4}=1.614t^{0.5}+17.5$	0.962	$R_{z5}=1.711t^{0.5}$	0.979

由表16可知，随着土壤容重的增加，水平向、垂直向的拟合参数值均呈减小的变化趋势，且呈良好线性相关关系，综上分析可得出土壤容重与不同向湿润锋的拟合函数：

$$R_x=（8.261-4.438\gamma）\times t^{0.5}+17.5 \qquad R^2=0.995$$

$$R_z=（11.032-6.213\gamma）\times t^{0.5} \qquad R^2=0.998 \qquad （15）$$

3.4.6　不同初始含水量对湿润体运移距离的影响

图 23 为不同土壤初始含水量 θ（0.20 cm³/cm³、0.24 cm³/cm³ 和 0.28 cm³/cm³）条件下，土壤水分垂直向和水平向湿润锋运移距离的过程线。由图可知，随着土壤初始含水量的增加，水平向 R_x、垂直向 R_z 的湿润锋运移距离呈相对减小的变化趋势。以湿润锋运移距离 R 与时间 $t^{0.5}$ 的关系进行拟合不同初始含水量条件下水平及垂直方向运移距离。

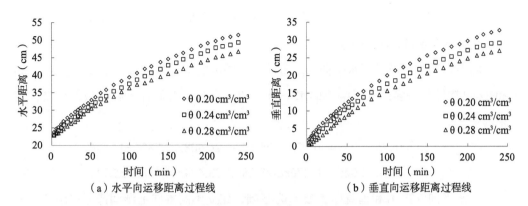

（a）水平向运移距离过程线　　　　　　　（b）垂直向运移距离过程线

图 23　不同初始含水量对湿润锋运移距离的影响

Fig.23　Influence of different initial water content on migration distance of moist peak

表 17　不同初始含水量对湿润锋运移距离的拟合关系

Table.17　The fitting relation of different initial water content to the migration distance of moist peak

初始含水量 θ（ cm³/cm³ ）	水平向拟合方程 R_x	R^2	垂直向拟合方程 R_z	R^2
0.20	$R_{x1}=1.865t^{0.5}+22.5$	0.998	$R_{z1}=2.111t^{0.5}$	0.998
0.24	$R_{x2}=1.730t^{0.5}+22.5$	0.979	$R_{z2}=1.878t^{0.5}$	0.995
0.28	$R_{x3}=1.562t^{0.5}+22.5$	0.989	$R_{z3}=1.736t^{0.5}$	0.988

由表 17 可知，随着初始含水量的增加，水平向、垂直向的拟合参数值均呈减小的变化趋势，且呈良好线性相关关系，综上分析可得出初始含水量与不同向湿润锋的拟合函数：

$$R_x=（2.629-3.792\theta）\times t^{0.5}+22.5 \qquad R^2=0.996$$
$$R_z=（3.032-4.679\theta）\times t^{0.5} \qquad R^2=0.981 \tag{16}$$

3.4.7　基于多因素条件下湿润体模型的建模与验证

3.4.7.1　湿润体运移距离多参数模型的建模

通过单因素变量分析结果可知：渠道水深 h、底宽 w、边坡系数 m、土壤粘粒含量 c、土壤容重 γ 及初始含水量 θ 与运移距离参数 A 均存在良好的线性相关关系。再综合上述影响因子建立多因素条件下湿润体运移距离参数 A 的模型，以此应用于多因素影响下渠道二维水分入渗过程研究，具体参数模型形式为：

$$A=x_1h+x_2w+x_3m+x_4c+x_5\gamma+x_6\theta+x_7 \tag{17}$$

式中：A 为湿润锋运移距离参数；x_1、x_2、x_3、x_4、x_5、x_6、x_7 为拟合参数；h 为渠道

水深，cm；w 为底宽，cm；m 为边坡系数；c 为粘粒含量，%；γ 为土壤容重，g/cm^3；θ 为土壤初始含水量，cm^3/cm^3。

将各试验处理条件下水平向和垂直向运移距离的拟合参数进行整理，应用SPSS 和Excel软件开展多因素影响下的水平向 A_1 和垂直向 A_2 湿润锋运移参数的模型，结果为：

$$A_1=0.043h+0.038w-0.158m-26.328c-26.408\gamma-3.788\theta+43.096$$

$$A_2=0.012h+0.026w-0.276m-28.885c-33.474\gamma-4.688\theta+55.740 \tag{18}$$

以水平向参数 A_1 和垂直向参数 A_2 为基础，建立不同方向上湿润锋运移距离的模型，即：

$$R_x=(\,0.043h+0.038w-0.158m-26.328c-26.408\gamma-3.788\theta+43.096\,)\times t^{0.5}+0.5\times B$$

$$R_z=(\,0.012h+0.026w-0.276m-28.885c-33.474\gamma-4.688\theta+55.740\,)\times t^{0.5} \tag{19}$$

3.4.7.2 模型验证

以（1）渠道底宽为25 cm，边坡系数为1，土壤粘粒含量为6.69%，容重为1.50 g/cm^3，初始含水量为0.24 cm^3/cm^3 及渠道水深为20 cm、25 cm、30 cm、35 cm和40 cm的试验组合；（2）渠道水深为40 cm、渠道底宽为25 cm，边坡系数为1，土壤粘粒含量为6.69%，初始含水量为0.24 cm^3/cm^3 及容重为1.40 g/cm^3、1.45 g/cm^3 和1.50 g/cm^3 的试验组合为例，验证其所建立的多因素条件下湿润锋运移距离模型的可靠性。

通过模拟值与试验实测值的对比情况可见，图24渠道水深分别为20 cm、25 cm、30 cm、35 cm和40 cm时，水平方向运移距离的平均误差分别为3.79%、4.12%、2.69%、2.92%和2.56%；垂直方向运移距离的平均误差分别为3.46%、1.96%、5.68%、4.87%和7.16%。图25土壤容重分别为1.40 g/cm^3、1.45 g/cm^3 和1.50 g/cm^3 时，水平方向运移距离的平均误差分别为3.79%、3.39%和3.12%；垂直方向运移距离的平均误差分别为5.49%、3.19%和2.19%。综上分析可知，湿润锋运移距离的模拟值与实测值误差较小，表明应用所建立的多因素条件下湿润锋运移距离模型预测渠道二维入渗过程是可行的。

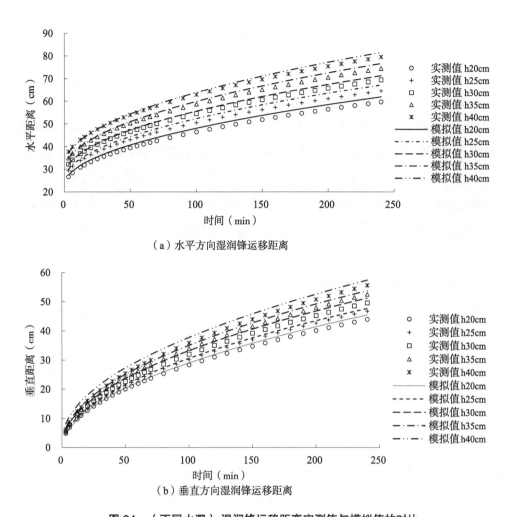

（a）水平方向湿润锋运移距离

（b）垂直方向湿润锋运移距离

图 24 （不同水深）湿润锋运移距离实测值与模拟值的对比

Fig.24 Comparison between measured and simulated values of migration distance of moist peaks

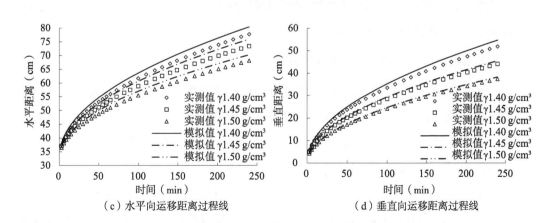

（c）水平向运移距离过程线　　　　　　（d）垂直向运移距离过程线

图 25 （不同容重）湿润锋运移距离实测值与模拟值的对比

Fig.25 Comparison between measured and simulated values of migration distance of moist peaks

3.5　小结

为揭示试验因素对渠道二维入渗特性的影响及其变化规律，本章首先以渠道水深为研究对象，探究渠道水深为 40 cm、60 cm、80 cm 和 100 cm 对水分渗漏强度和累积入渗量影响的变化规律，分析渠床不同位置的土壤含水率分布动态响应。此外，以渠道水深、底宽、边坡系数、土壤粘粒含量、容重和初始含水量 6 个可控因素对渠道土壤水分入渗过程中累积入渗量的变化规律及影响程度；探明了各试验因素对湿润体运移距离的影响，建立了渠道二维入渗湿润体运移模型。具体得出以下结论。

1.渠道水分渗漏特性曲线分析

随着入渗时间的增长而不同压力水头条件下土壤水分的累积入渗量逐渐增大，在土壤入渗初期快速增加，一定时间后呈线性增加的趋势。压力水头越小，累积入渗量越快进入线性增加阶段；相同入渗时间，土壤水分累积入渗量随着压力水头的增大而增加。且稳定入渗率与压力水头基本呈线性变化。

2.渠床土壤含水率时空分布的动态响应分析

当压力水头小于 60 cm 时，渠道水分入渗过程主要通过垂直入渗进入渠底土壤，侧向入渗水量较小且影响范围有限。随着压力水头增大，渠底土壤入渗深度增大且更快达到稳定状态。由于渠底土壤含水率始终处于较高水平，因此土壤含水量随时间的变化范围小；距离渠道中心 0.5 m 处土壤含水量随时间变化最剧烈，随着距离渠道中心距离越远，土壤含水率变化范围逐渐减小。随着压力水头逐渐增大，土壤含水量在试验前期变化越剧烈。

3.土壤物理特性对渠道水分入渗的影响

供试土壤不同吸力段持水能力均随着粘粒含量的增大而呈递增的变化规律，表明土壤粘粒含量对土壤水分入渗能力有显性的影响，随着粘粒含量的增多，土壤水分入渗能力呈递减的变化趋势。在试验结束时刻，随着土壤粘粒含量的增大，累积入渗量的减小幅度依次为 21.54%、22.23% 和 15.73%。

随着土壤初始含水量、容重的增大，累积入渗量均呈减小的变化规律，当土壤初始含水量较小时，土体水势梯度相对较大，土壤吸力增强，土壤水分入渗能力变强，待土壤趋于饱和状态时，水分入渗速率趋于稳定入渗；随着土壤容重的减小，土壤团粒结构越明显，土壤变得疏松、孔隙增大，从而导致水分入渗能力增强。

4.渠道水力要素对渠道水分入渗的影响

随着渠道底宽或边坡系数的增大，累积入渗量的变化均呈小幅度增加的变化趋势，主要由于水分入渗界面的湿周变大，水分入渗通道增多，对应的累积入渗量均增大，但相对其他因素，影响程度较小。渠道水深的变化对其累积入渗量的影响较显著，渠道水深的增大导致模拟渠道的入渗湿周增大，增加了水分入渗界面的面积；再者土壤水分运移由水势梯度决定，水分入渗过程受基质势和压力势共同作用，渠道水深增加致使入渗界面处压力势逐渐增大，故水分入渗能力增强。

5.渠道二维入渗多因素湿润体运移距离模型的构建

通过单因素变量逐一分析，得到渠道水深 h、底宽 w、边坡系数 m、土壤粘粒含量 c、土壤容重 γ 及初始含水量 θ 与运移距离模型参数 A 均存在良好的线性相关关系。以上述影响因子与模型参数 A 的关系为基础，建立了多因素条件下湿润体运移距离的预测模型，并以渠道断面的宽深比 $\alpha=0.914$ 界定出水平向、垂直向运移距离的变化。

4 基于 HYDRUS-2D 模型渠道渗漏模拟及其验证

针对现行渠道水渗漏损失及利用效率的测试方法，传统的现场测试法是解决实际问题最直接、最有效的方法，本书涉及众多试验影响因素，受其工作量大、费时费力及测试要求的难易度等限制，现场测试方法将难以用于此项研究，故参照前人试验成果及本次试验任务开展渠道土壤水分入渗的数值模拟研究。随着近年来计算机的发展，以势能理论与数值计算相结合的方式开展土壤水分运动等研究工作[1]。土壤水分运动的数值模拟研究可用 Richards 方程进行描述[124-125]，而研究土壤水分运动的前提是搞清楚土壤水力参数。目前，Van Genuchten 模型能够有效地描述土壤水分运动过程中的水力参数表述[126-127]，亦可根据土壤水分运动特征选用数值模型中特定的模块对土壤水分运动参数进行反推求解，该方法逐渐成为解决上述问题的重要手段，魏义长等[128-129]采用 RETC 软件进行推导及验证试验条件下土壤水动力学参数。

近年来，HYDRUS-2D 模型用于土壤水分运动数值模拟的研究屡见不鲜[130-131]：如 Bristow 等[132]利用该模型验证与模拟试验条件下灌溉土壤水分运动过程。俞明涛等[133]应用该模型的土壤水力特征参数反演及间接模拟地下滴灌的土壤水分运动过程。张珂萌等[134]模拟研究连续及间歇灌溉土壤水分运动过程，且研究结果呈良好的模拟趋势。HYDRUS-2D 软件应用于室内模拟渠道渗漏也得到较好的验证，但针对实际田间土壤的时空变异性和渠道技术参数的多变性，HYDRUS-2D 模型的应用研究还很罕见。本章在研究室内模拟渠道水分渗漏可靠性的基础上，探讨研究该模型应用于实际渠道渗漏的问题，为今后掌握复杂条件下的土壤水分入渗及渠道渗漏等问题提供一定参考。

4.1 渠道土壤水分运动模拟过程

4.1.1 基本方程

渠道土壤水分入渗过程属于二维入渗的研究范畴，不仅涉及垂直方向入渗过程，而且存在水平向入渗过程，故研究其入渗过程以二维饱和-非饱和达西水流问题为基础，描述此过程选用 Richards 偏微分方程[135]，公式表达式如下：

$$\frac{\partial \theta}{\partial t} = \frac{\partial}{\partial x}\left[K(h)\frac{\partial h}{\partial x}\right] + \frac{\partial}{\partial z}\left[K(h)\left(\frac{\partial h}{\partial z}\right)\right] + \frac{\partial}{\partial z}K(h) \tag{20}$$

式中：θ 为土壤体积含水率（cm^3/cm^3）；t 为入渗时间（min）；h 为基质势（cm）；x 为水平坐标；z 为垂直距离；$K(h)$ 为非饱和导水率（cm/min）。

应用 Van Genuchten-Mualem 模型对其 Richards 方程中 θ、h 和 $K(h)$ 三者之间的关系进行描述[106-107]，表达式为：

$$K(h) = K_s\theta_e^l\left[1-\left(1-\theta_e^{\frac{1}{m}}\right)^m\right]^2 \tag{21}$$

$$\theta = \theta_r + \frac{\theta_s-\theta_r}{(1+|\alpha h|^n)^m} \tag{22}$$

式中：K_s 为土壤饱和导水率（cm/d）；θ_e 为土壤相对饱和度，$\theta_e=(\theta-\theta_r)/(\theta_s-\theta_r)$；$\theta_r$ 为残余含水率（cm^3/cm^3）；θ_s 为饱和含水率（cm^3/cm^3）；m、n、α 为经验系数，其中 $m=1-1/n$；l 为经验拟合参数，一般取值 0.5[136-139]。

4.1.2 模型求解的定解条件

4.1.2.1 野外试验模型求解的定解条件

结合渠道土壤基本物理特性指标和土体空间的变异性，将测试段土体归纳为不规则、非均质的非饱和带，受测试渠段区域的限制，难以掌握所有点位的土壤含水率情况，本次模拟分析过程，将模拟渠道区域依据土壤物理特性分层分区域概化为规则的模拟区块，具体设置的初始条件为：

$$\theta(x, z, t)=\theta_1(x, z, 0)\ t=0,\ 170 \leqslant x \leqslant 260,\ 60 \leqslant z \leqslant 120$$

$$\theta(x, z, t)=\theta_2(x, z, 0)\ t=0,\ 50 \leqslant x \leqslant 260,\ 0 \leqslant z \leqslant 60$$

$$\theta(x, z, t)=\theta_3(x, z, 0)\ t=0,\ 0 \leqslant x \leqslant 110,\ -30 \leqslant z \leqslant 0$$

$$\theta(x, z, t)=\theta_4(x, z, 0)\ t=0,\ 0 \leqslant x \leqslant 110,\ -60 \leqslant z \leqslant -30$$

$$\theta(x, z, t)=\theta_5(x, z, 0)\ t=0,\ 110 \leqslant x \leqslant 260,\ -30 \leqslant z \leqslant 0$$

$$\theta(x, z, t)=\theta_6(x, z, 0)\ t=0,\ 110 \leqslant x \leqslant 260,\ -60 \leqslant z \leqslant -30$$

$$\theta(x, z, t)=\theta_7(x, z, 0)\ t=0,\ 0 \leqslant x \leqslant 260,\ -70 \leqslant z \leqslant -60 \tag{23}$$

式中：$\theta_1 \sim \theta_7$ 为初始含水率的分布情况，（cm^3/cm^3）；x、z 分别为水平方向、垂直方向距离，cm。

图 26 为模拟渠道边界条件简图，渠道断面为轴对称结构，其中 ED 为渠道断

面对称轴，以渠道中心线将渠道对称分割成两部分，假设中心线处水平水分通量为零。

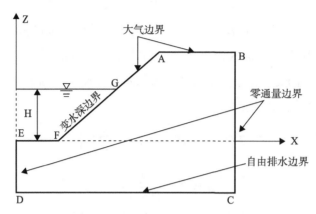

图 26　模拟渠道边界条件简图

Fig.26　Diagram of simulated channel boundary conditions

　　考虑渠道为临时修建的试验区域，开展静水法试验前需选择就近的机电井向试验段内注水满足设置的水深要求，注水到达要求水深的过程中其渠道部分土壤已趋于饱和状态，图26的EF边及FG边受试验过程影响最为明显，故该部分可将其饱和含水率设定为模拟研究的边界条件，结合土壤物理特性的分析结果，将EF边和FG边边界条件定义为0.45 cm³/cm³；GA边和AB边直接与大气相通，故将边界条件设置为大气边界；试验分析其模拟区域的土壤水分运动规律，可将ED边和BC边的边界条件设置为零通量边界；DC边的边界条件设置为自由排水边界。综合以上分析过程，其模拟区域的边界条件可表达为：

$$\theta = \theta_s \qquad t \geq 0 \qquad EF、FG$$

$$-K(h)\left(\frac{\partial h}{\partial n} + 1\right) = 0 \qquad t \geq 0 \qquad GA、AB$$

$$-K(h)\frac{\partial h}{\partial n} = 0 \qquad t \geq 0 \qquad DE、BC$$

$$-K(h)\left(\frac{\partial h}{\partial n} + 1\right) = 0 \qquad t \geq 0 \qquad CD \qquad (24)$$

　　式中：n表示各边界的法线方向；其余变量的含义如4.1.1节所述。

　　为求解其土壤水分运动模型并验证上述模型的可靠性，采用HYDRUS-2D模型求解试验设置条件的渠道土壤水分入渗过程，模拟分析渠道水分入渗的累积入渗量和入渗速率，将模拟结果与试验成果进行分析并验证，从而确定模拟渠道水分运动的土壤水力参数和定解条件的可行性。

4.1.2.2　室内试验模型求解的定解条件

模型初始条件的设置：依据室内模拟渠道水分渗漏的试验方案，土体为均一的初始含水量和容重条件下均质土壤，故可将模型求解的初始条件定义为：

$$h(x, z, t)+z=H_0(x, z\in\Omega, t=0) \tag{25}$$

式中：H_0 为初始土水势（cm）；Ω 为试验模拟区域；z 为区域垂向距离（cm）。

模型边界条件的设置：试验供水设备为马氏瓶，故试验过程中所设定的水位达到恒定的效果，将图26的EF边及FG边以恒定的入渗水头 h_0 设定为模拟研究的边界条件；试验过程在GA边和AB边覆盖塑料膜用以减少土壤水分蒸发，故将其边界条件设置为大气边界；试验分析其模拟区域的土壤水分运动规律，ED边和BC边的水分通量为0，故其边界条件设置为零通量边界；试验装置底部DC边设多个排水孔，将边界条件设置为自由排水边界。具体模型区域的边界条件可表示为：

$$
\begin{cases}
h+z=d & 0\leq t\leq t_0 & \text{EF、FG} \\
-K(h)\dfrac{\partial h}{\partial z}+K(h)=0 & t\geq 0 & \text{AB、GA} \\
\dfrac{\partial h}{\partial x}=0 & t\geq 0 & \text{BC、DE} \\
h=H_0 & t\geq 0 & \text{CD}
\end{cases} \tag{26}
$$

同理，将模拟结果与试验成果进行分析并验证，从而确定模拟渠道水分运动的土壤水力参数和定解条件的可行性。

4.2　HYDRUS-2D模型参数估算

由于野外静水法试验在时间和空间上的特殊性，难以将地面以下2米范围内的土壤水力特性参数进行详细的描述，本次试验处理依据土壤颗粒的粒径组成概化为三种类型：土层深度为0～60 cm的土壤质地为粉壤土、60～150 cm剖面范围的土壤质地为粉土、150～200 cm剖面范围的土壤质地为砂土。土壤水力特性的参数初始值利用RETC软件计算获得，而后将试验实测值和参数初始值输入HYDRUS-2D软件中比较数据差异，实际模拟过程中发现差异较大。再次利用HYDRUS-2D软件中的Levenberg-Marquardt模块反复调试土壤水力参数中的饱和导水率 K_s 及经验参数 n，待差异较小时确定土壤水力参数的具体值，具体参数值如表18所示。

表18 按照土壤类型分类的土壤水分运动参数初始值

Table.18 Initial value of soil water movement parameters classified by soil type

土壤类型	h/cm	θ_s/(cm³/cm³)	θ_r/(cm³/cm³)	K_s/(cm/h)	α/(cm⁻¹)	n
粉壤土	0 ~ 60	0.46	0.056 9	0.443 6	0.005 3	1.673 2
粉土	>60 ~ 150	0.45	0.049 0	0.332 7	0.007 4	1.635 1
砂土	>150 ~ 200	0.40	0.048 8	11.312 3	0.033 4	3.785 4

  室内试验的土壤取自试验站内土层深度为 60 ~ 150 cm 的粉土，试验土壤容重 γ 设置3个水平依次为 1.40 g/cm³、1.45 g/cm³ 和 1.50 g/cm³，土壤水力特性的参数初始值利用 Rosetta 软件计算获得，即 Rosetta 软件需要输入土壤颗粒的粒径组成及土壤容重获取到参数初始值（包括 θ_r、α、n 和 K_s），饱和含水率 θ_s 需要输入公式即可得到。将试验实测值和参数初始值输入软件中比较数据差异，实际模拟过程中发现差异较大。再次依据 HYDRUS-2D 软件对参数进行反算调试，待误差较小时确定土壤水力特性参数的数值，具体参数值如表19所示。

表19 按照容重分类的土壤水分运动参数初始值

Table.19 Initial value of soil water movement parameters classified by bulk density

γ/(g/cm³)	θ_r/(cm³/cm³)	θ_s/(cm³/cm³)	α/(cm⁻¹)	n	K_s/(cm/min)
1.40	0.050 6	0.431 1	0.007 0	1.650 1	0.035 4
1.45	0.049 0	0.419 9	0.007 4	1.635 1	0.029 7
1.50	0.047 3	0.409 1	0.008 0	1.619 2	0.024 9

4.3 结果分析与验证

4.3.1 模型评价指标

  本节通过开展试验实测值和 HYDRUS-2D 软件模拟值的对比分析，进一步评价该软件的计算精度。书中选取均方根误差（$RMSE$）、平均绝对误差（MAE）、整群剩余系数（CRM）和决定系数（R^2）[91, 140-143] 作为评价指标，若 $RMSE$ 值、MAE 值越小，CRM 值更趋于0，R^2 值趋于1，表明该入渗公式用于模拟评价试验条件下的土壤水分入渗过程最佳；反之则不佳。具体评价指标的计算式如下：

决定系数 R^2 计算式为：

$$R^2 = 1 - \frac{SSE}{SST} \qquad (27)$$

式中：SSE 为残差平方和；SST 为总离差平方和。

均方根误差（$RMSE$）计算式为：

$$RMSE = \sqrt{\frac{1}{n}\sum_{i=1}^{n}(S_i - M_i)^2} \qquad (28)$$

式中：S_i 为软件模拟值；M_i 为试验观测均值；n 为试验总数。

整群剩余系数（CRM）计算式为：

$$CRM = \frac{\sum_{i=1}^{n}M_i - \sum_{i=1}^{n}S_i}{\sum_{i=1}^{n}M_i} \qquad (29)$$

式中符号含义同计算式（28）。

平均绝对误差（MAE）计算式为：

$$MAE = \frac{\sum_{i=1}^{n}|M_i - S_i|}{n} \qquad (30)$$

式中符号含义同计算式（28）。

4.3.2 试验值与模拟值对比分析及验证

4.3.2.1 入渗速率的对比分析及验证

选取野外静水法试验资料，分析及验证不同水深条件下土壤水分入渗速率的变化规律，采用渠道水深 h 为 30 cm、50 cm、70 cm、90 cm 的试验研究其入渗速率的实测值和模拟值动态变化（见图27）。研究结果表明：渠道水深越大，对应的稳定入渗速率越大。试验实测值及模拟值的变化规律基本相吻合，均表明入渗初期速率变化较快，如30 cm 水深情况下，开始入渗速率为0.37 cm/h，0.857 h时入渗速率为0.11 cm/h，在0.857 h内入渗速率的变化较快；70 cm 水深情况下，开始入渗速率为4.60 cm/h，3.5 h时入渗速率为1.60 cm/h，在3.5 h内入渗速率的变化较快。入渗速率随着时间的延长而呈逐渐变小的趋势，到达一定时间入渗速率趋于稳定，如30 cm 水深情况下，1.198 h后入渗速率基本变为稳定入渗，稳定入渗率为0.106 cm/h；70 cm 水深情况下，8.2 h后入渗速率基本变为稳定入渗，稳定入渗率为1.4 cm/h。选取的4种渠道水深下入渗速率的实测值和模拟值的 MAE、CRM、$RMSE$ 及 R^2 如表20所示。其中 MAE 的值在0.003 1 ~ 0.255 6 cm/h之间变化，CRM 的值在0.023 9 ~ 0.089 7cm/h

之间变化，RMSE 的值在 0.003 6～0.376 3 cm/h 之间变化，R^2 的值在 0.94～0.99 之间变化，说明试验模拟效果较好。

表 20　入渗速率实测值及模拟值的统计分析

Table.20　Statistical analysis of measured and simulated infiltration rate

编号	渠道水深（cm）	湿周（cm）	稳定入渗率（cm/h）		MAE（cm/h）	CRM（cm/h）	RMSE（cm/h）	R^2
			实测值	模拟值				
1	30	185	0.107	0.105	0.003 1	0.023 9	0.003 6	0.99
2	50	241	1.235	1.477	0.202 1	0.034 2	0.087 5	0.94
3	70	298	1.276	1.510	0.183 7	0.099 4	0.219 6	0.96
4	90	355	1.738	2.190	0.255 6	0.089 7	0.376 3	0.94

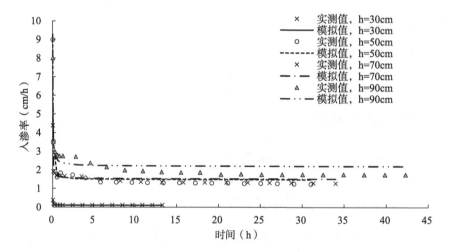

图 27　不同水深条件下入渗率的实测值和模拟值对比

Fig.27　Comparison of measured and simulated infiltration rates under different water depths

4.3.2.2　累积入渗量的对比分析及验证

对于渠道水深 h 为 30 cm、50 cm、70 cm、90 cm 的试验研究其累积入渗量的实测值和模拟值动态变化如图 28 所示。研究结果表明：渠道水深越大，对应的累积入渗量越大。其试验实测值和模拟值的变化规律基本一致，均表明累积入渗量基本呈线性变化规律，如 50 cm 水深情况下，入渗时间为 0.95 h 累积入渗量约为 3.79 cm，31.04 h 累积入渗量约为 45.28 cm，相比较模拟值，实测值和模拟值相差 4.62%；90 cm 水深情况下，入渗时间为 1.22 h 累积入渗量约为 7.11 cm，42.29 h 累积入渗量约为 97.88 cm，相比较模拟值，实测值和模拟值相差 6.65%。选取的 4 种水深条件下土壤水分入渗的累积入渗量的实测值和模拟值的评价指标 MAE、CRM、RMSE 及 R^2 如表 21 所示。其

中 MAE 的值在 0.063 7 ~ 0.474 3 cm 之间变化，CRM 的值在 0.005 8 ~ 0.047 2 cm 之间变化，$RMSE$ 的值在 0.075 2 ~ 0.840 3 cm 之间变化，R^2 的值均大于 0.9，说明对其累积入渗量的模拟效果也较好。结合对渠道土壤水分入渗速率和累积入渗量的模拟结果分析，表明所建立的土壤水分运动方程合理，选取的相关参数值合适，用于描述实际渠道土壤水分渗漏的研究、评价其入渗速率和累积入渗量是可行的。

表21　累积入渗量实测值及模拟值的统计分析

Table.21　Statistical analysis of measured and simulated cumulative infiltration values

编号	渠道水深（cm）	湿周（cm）	累积入渗量（cm）		MAE（cm）	CRM（cm）	$RMSE$（cm）	R^2
			实测值	模拟值				
1	30	185	11.01	10.95	0.063 7	0.005 8	0.075 2	0.991 4
2	50	241	45.28	47.37	0.154 7	0.034 2	0.175 6	0.998 2
3	70	298	67.58	70.64	0.242 9	0.036 5	0.840 3	0.988 1
4	90	355	97.88	104.39	0.474 3	0.047 2	0.529 8	0.984 6

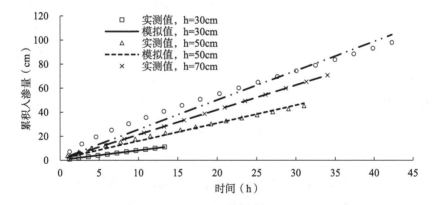

图28　不同水深条件下累积入渗量的实测值和模拟值对比

Fig.28　Comparison of measured and simulated cumulative infiltration under different water depths

4.3.2.3　不同因素条件下试验结果的对比及验证

本次室内试验模型验证选取图29（a）的土壤容重 1.5 g/cm³，渠道底宽 25 cm，边坡系数为 1，3 种水深（即 20 cm、30 cm、40 cm）条件下累积入渗量的实测值和模拟值比较情况：由图可见，实测数据与模拟数据的变化趋势基本一致，均随着时间的推移，累积入渗量的变化基本呈线性增加，但在入渗过程中实测值和模拟值依然存在一定的偏差。在 20 cm 水深条件下，入渗初期 30 min 内其累积入渗量比较情况为实测值大于模拟值，相比实测值，模拟值的平均差值为 56%；在其 30 ~ 60 min 内模拟值的平均差值为26.85%；在60~120 min内模拟值的平均差值为12.58%；剩余的入渗时间内，模拟值和实测值基本一致，差值为1.43%左右。在30 cm水深条件下，入渗初期25 min内其结果比较情况为实测值大于模拟值，相比实测值，模拟值的平均差值为54.83%；在其25~55 min内模拟值的平均差值为25.67%；在55~110 min内模拟值的平均差值为6.74%；剩余的入渗时间内，模拟值和实测值基本一致，差值为2.56%左右。在40 cm水深条件下，入渗初期20 min内其实测值大于模拟值，相比实测值，模拟值的平均差值为49.97%；在其20~50 min内模拟值的平均差值为28.52%；在50~100 min内模拟值的平均差值为12.95%；剩余的入渗时间内，模拟值和实测值基本一致，差值为0.90%左右。

图29（b）表示土壤容重1.5 g/cm³，渠道底宽10 cm，边坡系数为1，3种水深（即25 cm、30 cm、35 cm）条件下累积入渗量的实测值和模拟值比较情况：由图可见，实测数据与模拟数据的变化趋势基本一致，均随着时间的推移，累积入渗量的变化基本呈线性增加，但在入渗过程中实测值和模拟值依然存在一定的偏差。在25 cm水深条件下，入渗初期35 min内其累积入渗量比较情况为实测值大于模拟值，相比实测值，模拟值的差值为30.05%；在其35~70 min内模拟值的平均差值为17.95%；在70~120 min内模拟值的平均差值为4.49%；剩余的入渗时间内，模拟值和实测值基本一致，差值为3.66%左右。在30 cm水深条件下，入渗初期32 min内其结果比较情况为实测值大于模拟值，相比实测值，模拟值的差值为28.01%；在其32~66 min内模拟值的平均差值为11.61%；在66~115 min内模拟值的平均差值为4.22%；剩余的入渗时间内，模拟值和实测值基本一致，差值为3.25%左右。在35 cm水深条件下，入渗初期28 min内其实测值大于模拟值，相比实测值，模拟值的平均差值为41.90%；在其28~60 min内模拟值的平均差值为17.92%；在60~110 min内模拟值的平均差值为6.22%；剩余的入渗时间内，模拟值和实测值基本一致，差值为2.17%左右。

图30（a）表示土壤容重1.45 g/cm³，渠道水深30 cm，边坡系数为1，4种底宽（即10 cm、15 cm、20 cm、25 cm）条件下累积入渗量的实测值和模拟值比较情况。由图可见，实测数据与模拟数据的变化趋势基本一致，均随着时间的推移，累积入渗量的变化基本呈线性增加，但在入渗过程中实测值和模拟值依然存在一定的偏差。在10 cm底宽条件下，入渗初期20 min内其累积入渗量比较情况为实测值大于模拟值，相比实测值，模拟值的平均差值为41.97%；在其20~50 min内模拟值的平均差值为17.29%；在50~100 min内模拟值的平均差值为4.75%；剩余的入渗时

间内，模拟值和实测值基本一致，差值为3.05%左右。在15 cm底宽条件下，入渗初期18 min内其结果比较情况为实测值大于模拟值，相比实测值，模拟值的差值为40.54%；在其18～45 min内模拟值的平均差值为16.68%；在45～90 min内模拟值的平均差值为4.55%；剩余的入渗时间内，模拟值和实测值基本一致，差值为2.94%左右。在20 cm水深条件下，入渗初期16 min内其结果比较情况为实测值大于模拟值，相比实测值，模拟值的平均差值为22.40%；在其16～40 min内模拟值的平均差值为9.47%；在40～80 min内模拟值的平均差值为3.95%；剩余的入渗时间内，模拟值和实测值基本一致，差值为2.76%左右。在25 cm水深条件下，入渗初期14 min内其实测值大于模拟值，相比实测值，模拟值的差值为40.11%；在其14～35 min内模拟值的平均差值为15.37%；在35～70 min内模拟值的平均差值为5.66%；剩余的入渗时间内，模拟值和实测值基本一致，差值为3.41%左右。

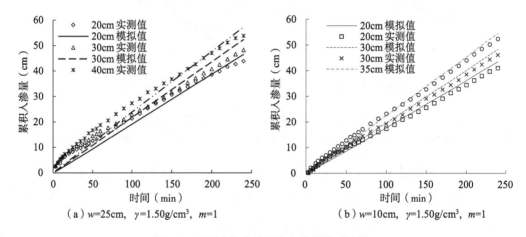

图29　不同水深条件累积入渗量的对比值

Fig.29　The ratio of cumulative infiltration under different water depth conditions

图30（b）表示为渠道底宽25 cm，渠道水深40 cm，边坡系数为1，土壤容重为1.40 g/cm³、1.45 g/cm³、1.50 g/cm³条件下累积入渗量的实测值和模拟值比较情况：由图可见，实测数据与模拟数据的变化趋势基本一致，均随着时间的推移，累积入渗量的变化基本呈线性增加，但在入渗过程中实测值和模拟值依然存在一定的偏差。在土壤容重为1.40 g/cm³条件下，入渗初期30 min内其累积入渗量比较情况为实测值大于模拟值，相比实测值，模拟值的平均差值为26.06%；在其30～55 min内模拟值的平均差值为11.93%；在55～110 min内模拟值的平均差值为3.79%；剩余的入渗时间内，模拟值和实测值基本一致，差值为2.25%左右。在土壤容重为1.45 g/cm³条件下，入渗初期25 min内其结果比较情况为实测值大于模拟值，相比实测值，模拟值

的平均差值为33.97%；在25～53 min内模拟值的平均差值为16.04%；在53～105 min内模拟值的平均差值为3.59%；剩余的入渗时间内，模拟值和实测值基本一致，差值为1.40%左右。在土壤容重为1.50 g/cm³条件下，入渗初期20 min内其实测值大于模拟值，相比实测值，模拟值的平均差值为49.97%；在其20～50 min内模拟值的平均差值为28.52%；在50～100 min内模拟值的平均差值为12.95%；剩余的入渗时间内，模拟值和实测值基本一致，差值为0.90%左右。

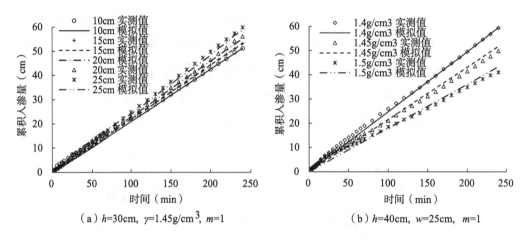

（a）h=30cm, γ=1.45g/cm³, m=1　　　　（b）h=40cm, w=25cm, m=1

图 30　不同底宽、容重条件累积入渗量的对比值

Fig.30　The ratio of cumulative infiltration under different base width and bulk density conditions

图31表示渠道水深为20 cm，渠底宽度为25 cm，土壤容重为1.5 g/cm³，边坡系数为1、1.2、1.5条件下的累积入渗量比较情况：由图可见，实测数据与模拟数据的变化趋势基本一致，均随着时间的推移，累积入渗量的变化基本呈线性增加，但在入渗过程中实测值和模拟值依然存在一定的偏差。在边坡系数为1的条件下，入渗初期30 min内其累积入渗量比较情况为实测值大于模拟值，相比实测值，模拟值的平均差值为56%；在其30～60 min内模拟值的平均差值为26.85%；在60～120 min内模拟值的平均差值为12.58%；剩余的入渗时间内，模拟值和实测值基本一致，差值为1.43%左右。在边坡系数为1.2的条件下，入渗初期30 min内其结果比较情况为实测值大于模拟值，相比实测值，模拟值的平均差值为44.77%；在其30～60 min内模拟值的平均差值为13.25%；在60～120 min内模拟值的平均差值为4.14%；剩余的入渗时间内，模拟值和实测值基本一致，差值为1.23%左右。在边坡系数为1.5的条件下，入渗初期30 min内其实测值大于模拟值，相比实测值，模拟值的平均差值为40.72%；在其30～60 min内模拟值的平均差值为7.97%；在60～120 min内模拟值的平均差值为2.87%；剩余的入渗时间内，模拟值和实测值基本一致，差值为1.66%

左右。

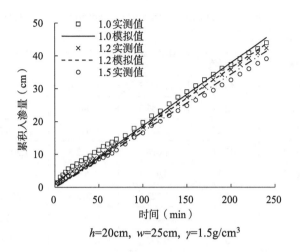

h=20cm, w=25cm, γ=1.5g/cm³

图31 边坡系数条件累积入渗量的对比值

Fig.31 The ratio of cumulative infiltration of slope coefficient conditions

　　综合上述分析情况,试验实测值和模拟值存在一定误差的原因可能为:一方面在模拟土壤水分运动过程时,假定土壤质地各向同性和均一性,而实际试验过程中试验环境的温度、湿度及水分运动的滞后效应均对土壤水分运动产生影响。另一方面模型应用的有限差分法,划分的空间网格和所采取的时间步长也会对模拟结果产生一定的影响。再者由于试验过程中,受试验环境、土壤特性及试验准备过程影响难免也会使试验数据产生一定误差。

　　通过图29至图31对16组试验处理条件下土壤水分累积入渗量实测值与模拟值的统计分析,进一步评价所应用HYDRUS-2D软件模拟情况的合理性,本节对试验实测数据和模拟数据的均方根误差($RMSE$)、平均绝对误差(MAE)、整群剩余系数(CRM)及决定系数(R^2)进行分析评价,由表22可知,$RMSE$值在0.911 7~1.911 8cm之间变化,其平均值为1.441 7cm;MAE值在0.771 9~1.779 4cm之间变化,其平均值为1.275 6cm;CRM值在0.001 1~0.093 6cm之间变化,其平均值为0.047 4cm;R^2在0.990 8~0.998 3之间变化,且各处理均大于0.9。综合上述分析实测数据和模拟数据的整体变化规律基本相吻合,数据差距基本在误差范围之内,再结合对实测值和模拟值的统计分析评价,最终表明所建立的土壤水分运动方程合理,选取的相关参数值合适,用于渠道渗漏评价累积入渗量是可行的。

表22 室内试验实测值及模拟值的统计分析

Table.22 Statistical analysis of measured and simulated values in laboratory tests

处理	累积入渗量（cm）		MAE（cm）	CRM（cm）	$RMSE$（cm）	R^2
	实测值	模拟值				
1–h20	43.92	46.56	1.373 8	0.093 6	1.581 0	0.996 1
2–h30	48.29	52.37	1.647 7	0.042 4	1.911 8	0.997 7
3–h40	53.84	57.27	1.779 4	0.085 4	1.138 0	0.995 4
4–h25	41.01	43.51	1.078 4	0.002 6	1.201 8	0.997 8
5–h30	46.17	48.31	0.977 1	0.007 3	1.100 7	0.998 3
6–h35	52.38	54.54	1.227 1	0.015 5	1.318 6	0.998 1
7–w10	51.22	51.88	1.294 2	0.064 7	1.563 8	0.998 7
8–w15	53.20	53.63	0.938 5	0.052 7	1.027 8	0.997 8
9–w20	55.20	56.08	0.869 0	0.040 2	1.008 7	0.997 3
10–w25	58.51	59.82	0.921 1	0.001 1	0.987 6	0.992 3
11–γ1.40	59.52	59.58	0.976 6	0.039 2	1.198 5	0.992 2
12–γ1.45	50.04	51.88	1.189 7	0.005 9	1.322 7	0.998 7
13–γ1.50	41.16	43.39	1.197 7	0.024 6	1.339 9	0.998 1
14–m1.0	44.05	45.59	0.813 8	0.010 8	0.981 7	0.994 4
15–m1.2	42.42	43.71	0.771 9	0.032 9	0.911 7	0.996 5
16–m1.5	39.10	41.44	1.564 4	0.076 2	1.775 0	0.990 8

4.4 小结

　　本章利用HYDRUS-2D模型模拟试验条件下土壤水分入渗过程，并以评价指标来验证结果精度，针对试验研究渠道土壤水分渗漏过程，以二维饱和-非饱和达西水流问题为研究基础，描述此过程选用Richards偏微分方程，确定模型参数及模拟区域的定解条件，依据试验值和模拟值开展结果分析对比与验证。得出以下结论：

　　渠道土壤水分入渗初期，试验实测累积入渗量均大于模型计算值，随着时间的延长，二者之间的相对误差逐步减小，试验结束时刻，其相对误差趋于允许范围内，整体呈现相对吻合的变化规律。

　　试验实测值和模拟值的统计分析指标情况为：平均绝对误差MAE值在0.771 9～1.779 4 cm之间变化，整群剩余系数CRM值在0.001 1～0.093 6 cm之间变化，均方根误差 *RMSE* 值在 0.911 7 ~ 1.911 8 cm 之间变化，R^2 值在 0.990 8 ~ 0.998 3 之间变化，且各处理均大于 0.9，该模型可应用于模拟实际渠道水分渗漏的问题，且模拟效果良好。

　　综合试验实测值和模拟值的变化规律及对比情况呈基本吻合，且评价统计指标良好，均表明所选定的土壤水分运动方程合理，可用于描述试验条件下的土壤水分运动过程，研究渠道水分渗漏评价其入渗速率和累积入渗量是可行的。

5 渠道土壤水分入渗的影响因子优化及模型确认

土壤水分入渗规律是决定渠道渗漏量的重要指标[144]，影响渠道土壤水分入渗的因素众多，本书通过野外静水法试验和室内模拟试验，初步探究了不同影响因素对渠道土壤水分入渗影响的变化规律，分析了各因素变化对累积入渗量和湿润体运移距离的影响程度。本章以实际斗渠渠道断面参数为基础，基于HYDRUS-2D模型开展模拟不同影响因素下渠道土壤水分渗漏的试验研究，模拟结果用于分析影响因素的显著程度和入渗模型的优选及评价。研究主要目的为分析影响因素对土壤水分入渗的显著程度，剔除影响因素较小的试验变量，为后续研究入渗公式提供基础支撑；且通过试验成果与不同入渗公式的比选分析，选取最优的土壤入渗模型公式。研究的切入点为首先采用通径分析法，研究评价土壤粘粒含量、土壤容重、初始含水量及渠道水深、底宽、边坡系数对渠道土壤水分入渗的影响程度，明确影响渠道水分入渗的主导因素，剔除影响程度较小的试验因素；再通过误差分析评价比选入渗公式，确定适宜试验条件下最优的土壤水分入渗公式。拟解决的关键问题为：采用通径分析方法确定主成分因素，结合试验成果分析选取最优土壤水分入渗模型，为下文研究主要影响因素与模型参数的数量关系提供基础支撑。

5.1 试验方案的设定

通过野外静水法试验和室内模拟试验初步分析探讨渠道土壤水分二维入渗特性，探明各试验因素影响下土壤水分入渗过程中累积入渗量及湿润锋运移距离的变化幅度，本节以上述研究成果作为基础理论，深入开展以土壤粘粒含量、土壤容重、初始含水量、渠道水深、底宽、边坡系数等6个因素变量对土壤水分入渗过程影响的显著程度分析，确定影响其入渗过程的主成分因素，剔除影响程度相对较小的因素。本章研究内容基于HYDRUS-2D模型拓展21组模拟试验，其中试验各土壤物理参数指标具体值见表5，模拟渠道边界条件情况参见图19，模型定解条件见4.1.2节，具体土壤水分运动参数初始值及模拟试验方案如下文所述。

5.1.1 HYDRUS–2D模型参数估算

供试土壤选自野外试验土壤剖面2 m范围内，其中土壤水力特性的参数初始值利用RETC软件计算获得模型参数初始值，而后将参数初始值输入HYDRUS–2D软件中比较数据差异；再次利用HYDRUS–2D软件中的Levenberg-Marquardt模块反复调试土壤水力参数中的饱和导水率K_s及经验参数n，待差异较小时确定土壤水力参数的具体值，具体参数值如表23所示。

表23　按照粘粒含量分类的土壤水分运动参数初始值

Table.23　Initial values of soil moisture movement parameters classified by clay content

处理	θ_r/(cm³/cm³)	θ_s/(cm³/cm³)	K_s/(cm/h)	α/(cm⁻¹)	n
1	0.393 5	0.057 4	1.000 0	0.005 2	1.673 8
2	0.378 7	0.051 1	1.098 6	0.005 6	1.655 5
3	0.361 1	0.043 5	1.240 8	0.006 7	1.680 3
4	0.362 8	0.042 9	1.372 5	0.006 7	1.616 4
5	0.337 8	0.034 5	1.287 5	0.010 3	1.516 4

5.1.2 试验方案设计

依据河套灌区实际典型斗渠断面尺寸，开展不同因素影响下土壤水分入渗模拟试验，试验设置渠道水深、渠道底宽、边坡系数、土壤粘粒含量、土壤容重及初始含水量等6个试验变量，具体试验方案见表24。

表24　HYDRUS–2D模拟渠道入渗试验设计

Table.24　Experimental design of HYDRUS-2D simulated channel infiltration

试验处理	渠道水深h（cm）	渠道底宽w（cm）	土壤容重γ（g/cm³）	渠道边坡m（cm/cm）	土壤初始含水量θ（cm³/cm³）	土壤粘粒含量c（%）	入渗时间T（min）
1	50	100	1.45	1	0.24	6.69	400
2	70	100	1.45	1	0.24	6.69	400
3	90	100	1.45	1	0.24	6.69	400
4	110	100	1.45	1	0.24	6.69	400
5	70	60	1.5	1.2	0.28	6.69	400
6	70	80	1.5	1.2	0.28	6.69	400
7	70	100	1.5	1.2	0.28	6.69	400
8	70	120	1.5	1.2	0.28	6.69	400

试验处理	渠道水深 h（cm）	渠道底宽 w（cm）	土壤容重 γ（g/cm³）	渠道边坡 m（cm/cm）	土壤初始含水量 θ（cm³/cm³）	土壤粘粒含量 c（%）	入渗时间 T（min）
9	50	60	1.45	1	0.2	6.69	400
10	50	60	1.45	1.2	0.2	6.69	400
11	50	60	1.45	1.5	0.2	6.69	400
12	90	80	1.4	1	0.24	6.69	400
13	90	80	1.45	1	0.24	6.69	400
14	90	80	1.5	1	0.24	6.69	400
15	50	60	1.4	1	0.2	6.69	400
16	50	60	1.4	1	0.24	6.69	400
17	50	60	1.4	1	0.28	6.69	400
18	70	100	1.5	1.5	0.24	5.6	400
19	70	100	1.5	1.5	0.24	8.62	400
20	70	100	1.5	1.5	0.24	11.35	400
21	70	100	1.5	1.5	0.24	13.6	400

5.2　渠道土壤水分的分布规律研究

　　本书所设定的试验方案以田间渠道断面尺寸为依据，一般而言，该类渠道的水分渗漏量相对较小，且渗漏水量受地下水位影响也相对较弱。针对室内模拟渠道土壤水分入渗过程及水分运移距离的分析结论，所涉及的土壤物理性质指标和渠道水深均对土壤水分入渗的累积入渗量及水分运移距离的影响显著，而不同渠道底宽和边坡系数对其影响相对较小。因此，以HYDRUS-2D模拟渠道土壤水分入渗的研究成果为基础，重点分析不同渠道底宽和边坡系数条件下水平方向及垂直方向土壤含水率的变化规律，探明不同方向土壤水分入渗速率的变化过程，为确定影响渠道土壤水分入渗的主导因素提供理论支撑。

5.2.1　不同方向土壤含水率的变化过程

5.2.1.1　水平方向土壤含水率的变化

图32为土层深度为100 cm时，不同时刻水平方向土壤含水率变化规律，试验分析选取渠道底宽为60 cm、80 cm、100 cm，探究渠道底宽增大对土壤水分水平方向的运动规律。由图可见，不同时刻土层距中点150 cm处土壤含水率的变化规律基本一致，均随着入渗时间的推移，不同点位的土壤含水率逐渐趋于饱和含水率，其中入渗初期，土体势能较大，入渗速率较快，土壤含水率变化相对剧烈；随着土体湿润体范围的扩大，入渗速率趋于减小，土壤含水率变化相对变缓；试验后期土壤水分入渗速率变为定值，即稳定入渗速率。以半部分渠道进行分析研究，以渠道底宽60 cm为对比项，随着渠道底宽依次增大33.33%和66.67%，不同点位土壤含水率亦发生变化。例如，当入渗时间为30 min时，距中心点90 cm处土壤含水率增幅依次为1.78%、7.40%；试验开始至60 min时，距中心点110 cm处土壤含水率增幅依次为3.13%、4.37%；入渗时间为200 min时，距中心点125 cm处土壤含水率增幅依次为2.83%、5.34%。综上分析可知，随着渠道底宽的增大，土壤水分水平向含水率变化增幅较小，亦可表述为渠道底宽的增加，同一土层水平方向土壤含水率变化并不显著。

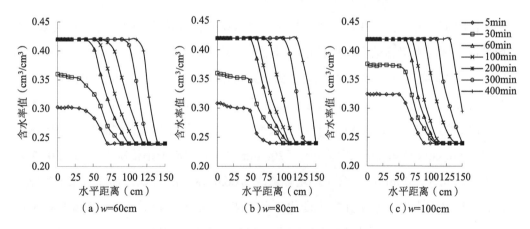

图32　不同渠道底宽下水平方向含水率变化

Fig.32　Changes of water content in horizontal direction under different channel bottom width

图33为土层深度为100 cm时，试验分析选取边坡系数为1.0、1.2、1.5，探究边坡系数增大对土壤水分水平方向的运动影响规律。以边坡系数1.0为对比项，随着边坡系数依次增大20%和50%，不同点位土壤含水率亦发生变化。例如，当入渗时间为30 min时，距中点90 cm处土壤含水率增幅依次为12.88%、15.71%；试验开始

至60 min时，距中心点110 cm处土壤含水率增幅依次为14.01%、16.13%；入渗时间为200 min时，距中心点125 cm处土壤含水率增幅依次为11.55%、13.02%。综上可知，随着边坡系数的增大，土壤水分水平向含水率呈增大的变化趋势，渠道边坡系数对水平方向土壤含水率影响明显强于渠道底宽的变化。

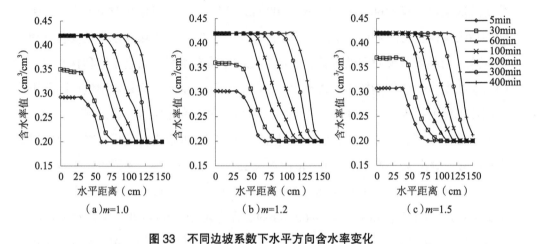

图33　不同边坡系数下水平方向含水率变化

Fig.33　Change of horizontal moisture content under different slope coefficients

5.2.1.2　垂直方向土壤含水率的变化

由图34可见，渠底中心点处土层剖面含水率变化较显著，随着时间的推移，土层剖面土壤含水率逐渐向下层扩进，且上层土壤含水率变化速度较下层土壤快，不同底宽条件下渠底中心点处土层剖面含水率变化规律基本一致，例如渠道底宽80 cm时，土层深度依次为150 cm和160 cm，试验开始至30 min时，含水率增幅为53.84%、12.50%，当入渗时间为60 min时，含水率增幅依次为61.54%、45.83%；土层深度依次为170 cm和180 cm，试验开始至200 min时，含水率增幅依次为50%、20.83%，当入渗时间为300 min时，含水率增幅依次为66.67%、47.92%。而随着渠道底宽增加，土层剖面土壤含水率亦发生变化，以底宽60 cm为起始对比项，底宽增幅依次为33.33%和66.67%，入渗时间为5 min，145 cm土层含水率增幅依次为16.67%和23.33%；入渗时间为60 min，160 cm土层含水率增幅依次为13.33%和20%；入渗时间为300 min，180 cm土层含水率增幅依次为4.41%和10.29%。综上可知，随着渠道底宽的增加，水分垂直入渗界面增大，入渗水量的湿润体范围逐渐扩大，入渗速率和累积入渗量则相应增加。

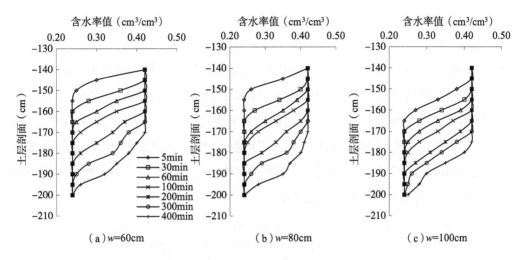

图 34　渠底中心处土层剖面含水率变化

Fig.34　The change of soil moisture content in the center of canal bottom

由图35可见，距边坡底角60 cm处土壤剖面含水率与渠道中心处位置的变化规律相似，但其变化程度相对较小。例如随着渠道底宽增加，土层剖面土壤含水率亦发生变化，以底宽60 cm为起始对比项，底宽增幅依次为33.33%和66.67%，入渗时间为30 min，100 cm土层含水率增幅依次为8.57%和14.29%；入渗时间为100 min，120 cm土层含水率增幅依次为5.56%和8.33%；入渗时间为300 min，150 cm土层含水率增幅依次为3.70%和7.11%。综上可知，随着渠道底宽的增加，边坡处剖面土壤含水率增大幅度相对渠道中心点处的变幅减小，即靠近中心点位置土层剖面含水率变化相对明显；反之则幅度减小。

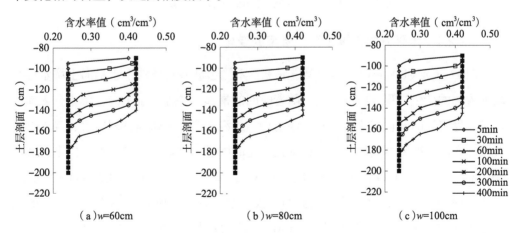

图 35　不同底宽下土层剖面含水率变化

Fig.35　The change of water content in soil section with different bottom width

　　图36为不同边坡系数条件下边坡底角处土壤剖面含水率的变化过程，如图可知，随着边坡系数的增加，土层剖面土壤含水率呈小幅度增大的变化趋势，以边坡系数1.0为起始对比项，边坡系数增幅依次为20%和50%，入渗时间为30 min，150 cm土层含水率增幅依次为7.69%和9.62%；入渗时间依次为100 min，170 cm土层含水率增幅依次为5.41%和8.11%；入渗时间为300 min，180 cm土层含水率增幅依次为2.24%和5.72%。综上可知，随着渠道边坡系数的增加，边坡底角处上层剖面土壤含水率增大幅度强于下层剖面变幅，且增幅基本在10%以内，但边坡系数对土层剖面含水率的影响明显小于渠道底宽的变化。

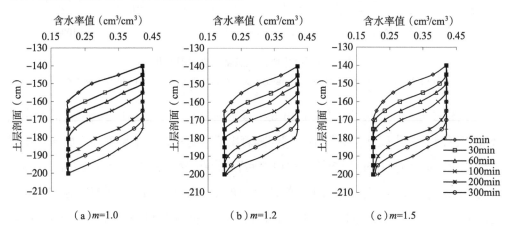

图36　不同边坡系数下土层剖面含水率变化

Fig.36　Changes of soil moisture content in soil section under different slope coefficients

5.2.2　不同方向土壤水分入渗率的变化过程

5.2.2.1　水平方向土壤水分入渗率的变化

　　图37（a）、（b）分别是不同渠道底宽、不同边坡系数条件下水平向土壤水分平均入渗率的变化过程，由图可见，随着时间的推移，各处理水平向土壤水分入渗率均呈非稳定流的变化规律，试验入渗初期，入渗速率处于快速减弱阶段；经入渗过渡段，入渗速率基本呈线性减小；到达一定时间后，呈稳定入渗状态。以渠道底宽60 cm为对比项，渠道底宽增幅依次为33.33%、66.67%和100%。由图37（a）可知，当入渗时间为10 min时，随着底宽的增大，水平方向土壤含水率依次增加9.26%、15.08%和19.21%；入渗时间为60 min时，依次增加7.56%、11.57%和16.62%；稳定入渗阶段，依次增加5.98%、10.71%和13.11%。以边坡系数1.0为对比项，边坡系数增幅依次为20%和50%。由图37（b）可知，当入渗时间为10 min时，随着边

坡系数的增大，水平方向土壤含水率依次增加7.16%和11.07%；入渗时间为60 min时，依次增加5.39%和8.47%；稳定入渗阶段，依次增加0.73%和4.73%。综上分析可知，随着渠道底宽、边坡系数的增大，水平方向土壤平均入渗率会发生变化，但相对于渠道断面尺寸的变化范围，其入渗速率变化幅度相对较小，亦可理解为改变渠道底宽或边坡系数，水平向入渗速率的影响程度相对较小。

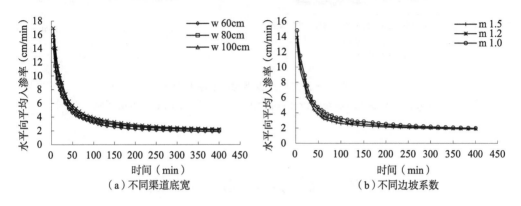

图37　水平方向土壤平均入渗率的变化

Fig.37　Changes of average soil infiltration rate in horizontal direction

5.2.2.2　垂直方向土壤水分入渗率的变化

图38（a）、（b）分别是不同渠道底宽、不同边坡系数条件下垂直向土壤水分平均入渗率的变化过程，以渠道底宽60 cm为对比项，渠道底宽增幅依次为33.33%、66.67%和100%。由图38（a）可知，当入渗时间为10 min时，随着底宽的增大，垂直方向土壤含水率依次增加17.84%、35.01%和51.78%；入渗时间为60 min时，依次增加23.66%、37.08%和51.51%；稳定入渗阶段，依次增加14.54%、19.55%和26.12%。以边坡系数1.0为对比项，边坡系数增幅依次为20%和50%。由图38（b）可知，当入渗时间为10 min时，随着边坡系数的增大，垂直方向土壤含水率依次增加13.03%和24.14%；入渗时间为60 min时，依次增加11.47%和19.91%；稳定入渗阶段，依次增加7.17%和11.41%。综上分析可知，随着渠道底宽、边坡系数的增大，垂直方向土壤平均入渗率均呈增加的变化趋势，与水平方向对比可见，各处理垂直向增幅较大，亦可理解为随着渠道底宽或边坡系数的增大，垂直向入渗水量明显强于水平向。但相对于边坡系数的变化，不同渠道底宽对垂直向水分入渗的影响差异更显著。

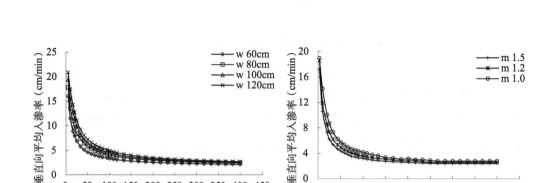

图38　垂直方向土壤平均入渗率的变化

Fig.38　Change of average soil infiltration rate in vertical direction

5.3　通径分析原理与方法

美国遗传学家Sewall Wright于1921年通过大量试验研究提出了通径系数（Path Coefficient）分析的方法[145-147]。起初广泛用于动植物遗传育种方面的工作，随着各学科的交叉发展，对其不断进行完善和改进，在农业研究领域也得到了广泛应用[148-149]。通径分析法（Path Analysis）是分析研究自变量与因变量之间统计关系的方法，其研究内容一般包括自变量对因变量改变程度和作用方式，自变量之间的相互作用关系。其分析过程可寻求某个自变量以间接方式影响其余变量，从而对其因变量发生作用关系，依次对自变量做通径分析，剔除影响程度较小的自变量，再结合其余变量关系建立"最优"的回归方程；同时也可分析自变量对因变量的直接和间接效应的影响。

若因变量定义为y，自变量用x_i（$i=1$，2，3，$\cdots$，n）表示，且因变量与自变量存在一定的线性关系，其回归方程表达式为：

$$y = b_0 + b_1 x_1 + b_2 x_2 + \cdots + b_n x_n \tag{31}$$

式中：b_i（$i=1$，2，3，$\cdots$，n）为方程的偏回归系数。

将试验分析结果代入回归方程，并结合最小二乘法原理进行求解，通过分析可得到通径系数$P_y x_i$（$i=1$，2，3，$\cdots$，n）。该系数是将回归方程自变量进行标准化所获取的偏回归系数，其目的是验证自变量对因变量的相对重要程度。

对表达式（31）进行数学变换，即建立自变量与因变量之间的矩阵方程表达式：

$$\begin{bmatrix} 1 & \cdots & r_{xixj} \\ \cdots & & \cdots \\ r_{xixj} & \cdots & 1 \end{bmatrix} \begin{bmatrix} P_y x_i \\ P_y x_n \end{bmatrix} = \begin{bmatrix} r_{xiy} \\ r_{xny} \end{bmatrix} \tag{32}$$

式中：r_{xixj}（$i=1$，2，$\cdots$，n；$j=1$，2，$\cdots$，n；$i \neq j$）是自变量之间的相关关系；r_{xiy}（$i=1$，2，$\cdots$，n）为因变量与自变量的相关关系。

求解表达式（32）即可得到通径系数 $P_y x_i$（$i=1$，2，$\cdots$，n），$P_y x_i$ 表达式为：

$$P_y x_i = b_i \frac{\sigma_{xi}}{\sigma_y} \quad (i=1，2，\cdots，n) \tag{33}$$

式中：σ_{xi}（$i=1$，2，$\cdots$，n）和 σ_y 是自变量与因变量的标准差，$P_y x_i$（$i=1$，2，$\cdots$，n）表示自变量对因变量的直接作用。自变量通过其他变量对因变量起间接作用：

$$P_{xi \leftrightarrow xj \rightarrow y} = r_{xixj} P_y x_i \quad (i=1，2，\cdots，n) \tag{34}$$

直接作用加上间接作用等于自变量对因变量的总作用，总作用可衡量 x_i（$i=1$，2，3，$\cdots$，n）对 y 的影响程度，也权衡其正负影响效应的作用。

决策系数反映了自变量通过变量的相关关系对因变量的综合决定作用，由直接（DT^2）和间接（IDT^2）决策系数组成，其表达式为：

$$DT^2 = (P_y x_i)^2 \quad (i=1，2，\cdots，n)$$

$$IDT^2 = 2P_{yxi} P_{xi \leftrightarrow xj \rightarrow y} j \quad (i=1，2，\cdots，n；j=1，2，\cdots，n；i \neq j) \tag{35}$$

剩余项（P_{ye}）的通径系数是衡量影响因变量的因素是否基本考虑在范围内，表达式为：

$$P_{ye} = \left(1 - R_{xi \rightarrow y^2}\right)^{\frac{1}{2}} \quad (i=1，2，\cdots，n) \tag{36}$$

式中：$R_{xi \rightarrow y^2}$ 为决策系数。

5.4　试验因素的通径分析过程

研究试验因素为渠道水深 h、渠道底宽 w、土壤容重 γ、边坡系数 m、土壤初始含水量 θ 及土壤颗粒含量 c 对累积入渗量影响。通径分析的步骤：首先依据所有变量的试验数据，并结合最小二乘法原理建立最优方程，对其方程进行显著性检验分析，剔除影响程度较小的试验变量。其次将剩余自变量再建立方程，通过相关系数分析及显著性检验，确定自变量变化的影响程度。最后进行直接和间接通径系数计算和显著性测验。

5.4.1 最优方程的建立及显著性检验

研究将土壤水分的累积入渗量 I_1 作为因变量，渠道水深 h、渠道底宽 w、边坡系数 m、土壤容重 γ、土壤初始含水量 θ 及土壤粘粒含量 c 作为自变量，结合最小二乘法原理，分析研究并建立多元线性回归方程，其表达式为：

$$I_1=518.94+0.46h+0.31w+10.20m-234.60\gamma-143.04\theta-848.73c \qquad （37）$$

式中：I 为累积入渗量，cm；h 为渠道水深，cm；w 为渠道底宽，cm；m 为边坡系数，cm/cm；γ 为土壤容重，g/cm³；θ 为土壤初始含水量，cm³/cm³；c 为土壤粘粒含量，%。

由表25可知，多元回归方程 $F=236.92$，Significance $F=2.97 \times 10^{-13}$，检验结果可达极显著水平，通过回归方程 $R^2=0.9902$ 可知，影响累积入渗量的因素（占99.02%）可以用上述回归方程的变量解释，其余部分（0.98%）可由误差解释。表26为各试验因素的偏回归系数对累积入渗量影响的显著性检验：其中试验因素 c、γ、h、w、θ 均呈极显著水平，m 呈不显著水平（$t=2.62$，$p=0.02$）。综合上述分析结果：首先应剔除边坡系数变化对累积入渗量的影响，而后依据其余自变量再次建立最优回归方程。

表25　全因素方差分析

Table.25　All factors analysis of variance

	df	SS	MS	F	Significance F
回归分析	6	7268.59	1211.43	236.92	2.97×10^{-13}
残差	14	71.58	5.11		
总计	20	7340.18			
多元相关	$R=0.9951$	$R^2=0.9902$	矫正系数 $R^2=0.9861$		

表26　全因素偏回归系数的显著性检验

Table.26　Significance test of partial regression coefficients of all factors

	Coefficients	标准误差	t Stat	P-value
Intercept	518.94	25.77	20.14	9.81×10^{-12}
渠道水深（cm）	0.46	0.036	12.67	4.66×10^{-9}
渠道底宽（cm）	0.31	0.035	8.75	4.77×10^{-7}
土壤容重（g/cm³）	−234.60	21.16	−11.09	2.56×10^{-8}

	Coefficients	标准误差	t Stat	P-value
渠道边坡（cm/cm）	10.20	3.89	2.62	0.02
土壤初始含水量（cm³/cm³）	−143.04	22.02	−6.49	1.41×10^{-5}
土壤粘粒含量（%）	−848.73	33.66	−25.22	4.55×10^{-13}

依据上述分析结果，将自变量边坡系数剔除再次建立渠道水深、土壤容重、渠道底宽及土壤初始含水量作为自变量的多元线性回归的方程：

$$I_2 = 483.25 + 0.42h + 0.31w - 200.13\gamma - 157.53\theta - 810.89c \qquad (38)$$

式中：符号含义及单位同式（37）。

由表27可知：多元回归方程$F=203.60$，Significance $F=3.13 \times 10^{-13}$，检验结果可达极显著水平。表28为各试验因素的偏回归系数对累积入渗量影响的显著性检验：其中试验因素c、γ、h、w、θ均呈极显著水平。

表27　剩余因素方差分析

Table.27　Residual factors analysis of variance

	df	SS	MS	F	Significance F
回归分析	5	7233.59	1446.72	203.60	3.13×10^{-13}
残差	15	106.59	7.11		
总计	20	7340.18			
多元相关	$R=0.9927$	$R^2=0.9854$	矫正系数$R^2=0.9806$		

表28　剩余因素偏回归系数的显著性检验

Table.28　Significance test of partial regression coefficients of residual factors

	Coefficients	标准误差	t Stat	P-value
Intercept	483.25	25.77	18.75	8.03×10^{-12}
渠道水深（cm）	0.42	0.04	10.64	2.18×10^{-8}
渠道底宽（cm）	0.31	0.04	7.49	1.91×10^{-6}
土壤容重（g/cm³）	−200.13	19.52	−10.25	3.59×10^{-8}
土壤初始含水量（cm³/cm³）	−157.53	25.13	−6.27	1.51×10^{-5}
土壤粘粒含量（%）	−810.89	35.82	−22.63	5.21×10^{-13}

5.4.2　相关系数分析

经查阅相关系数检验临界表可知，该试验条件下显著水平时的临界值$a=0.43$，极显著水平时的临界值$r=0.55$。由表29可见，土壤粘粒含量对累积入渗量的相关系数大于0.55，呈极显著水平；土壤容重对累积入渗量的相关系数大于0.43，呈显著水平；渠道水深对累积入渗量相关系数影响接近显著。变量之间的关系为：渠道水深和底宽、渠道底宽和土壤容重的相关系数均大于0.48，呈显著水平，其余性状之间的相关系数呈不显著关系。

表29　相关系数分析

Table.29　Correlation coefficient analysis

	渠道水深	渠道底宽	土壤容重	土壤初始含水量	土壤粘粒含量	累积入渗量
渠道水深（cm）	1					
渠道底宽（cm）	0.48	1				
土壤容重（g/cm³）	0.24	0.53	1			
土壤初始含水量（cm³/cm³）	0.26	0.37	0.37	1		
土壤粘粒含量（%）	0.02	0.28	0.34	−0.02	1	
累积入渗量（cm）	0.37	0.01	−0.48	−0.13	−0.81	1

5.4.3　直接和间接通径系数计算

由5.2直接和间接通径系数计算公式可求得各自变量对因变量的直接和间接通径系数。由表30可知，渠道水深h、土壤容重γ、渠道底宽w、初始含水量θ及土壤粘粒含量c对土壤水分入渗的累积入渗量直接作用分别为0.383 4、−0.401 4、0.315 5、−0.220 1和−0.775 0，其中c和γ对累积入渗量的直接效应较明显，$c > \gamma$；h和w对累积入渗量的直接效应显著，$h > w$；θ对累积入渗量的直接效应相对较小。h、γ、w、θ及c对累积入渗量的总作用分别为0.770 1、−0.995 2、0.756 5、−0.213 8和−1.045 6，c和γ对累积入渗量的总效应明显，主要来自直接效应的作用结果，而各变量之间的间接作用对累积入渗量的作用效果不明显。h、γ、w、θ及c对累积入渗量决策系数分别为0.443 5、0.637 8、0.377 8、0.142 5和1.020 1，剩余项的通径系数和决策系数分别为0.120 5和0.014 5，其数值较小，说明书中所研究的影响渠道渗漏的主要因素基本包括在内。

书中所涉及的试验因素对土壤水分入渗过程中累积入渗量的影响程度依次为：$c > \gamma > h > w > \theta$。由此可见，土壤粘粒含量及容重对水分入渗的影响较大，其通过土壤颗粒组成及孔隙改变水分入渗通道，进而对累积入渗量产生显著影响；渠道水深及底宽是入渗湿周的组成部分，改变其入渗界面受水面积，使水分进入土壤的通道发生变化，但渠道水深的变化还会改变水分入渗的压力势，故相同湿周条件下，土壤水分入渗规律不尽相同，研究过程应该具体分析渠道水深及底宽详细情况；土壤初始含水量则对累积入渗量的影响相对较小，因为土壤水分由未湿润区转至湿润区后，在其饱和湿润区内水分入渗能力基本一致，其差异值出现在土壤非饱和状态时，故初始含水量对土壤水分入渗能力有影响，对比其他因素而言，影响程度偏小。

表30　不同影响因素的通径分析

Table.30　Size analysis table of different influencing factors

	直接作用	间接作用		间接作用之和	总作用	决策系数
$h \to I$	0.3834	$h \to w \to I$	0.1852	0.3867	0.7701	0.4435
		$h \to \gamma \to I$	0.0934			
		$h \to \theta \to I$	0.1010			
		$h \to c \to I$	0.0072			
$w \to I$	0.3155	$w \to h \to I$	0.1524	0.4410	0.7565	0.3778
		$w \to \gamma \to I$	0.0847			
		$w \to \theta \to I$	0.1156			
		$w \to c \to I$	0.0883			
$\gamma \to I$	−0.4014	$\gamma \to h \to I$	−0.0978	−0.5938	−0.9952	0.6378
		$\gamma \to w \to I$	−0.2143			
		$\gamma \to \theta \to I$	−0.1468			
		$\gamma \to c \to I$	−0.1349			
$\theta \to I$	−0.2201	$\theta \to h \to I$	−0.0580	−0.2138	−0.4339	0.1425
		$\theta \to w \to I$	−0.0806			
		$\theta \to \gamma \to I$	−0.0805			
		$\theta \to c \to I$	0.0053			
$c \to I$	−0.7750	$c \to h \to I$	−0.0145	−0.2707	−1.0456	1.0201
		$c \to w \to I$	−0.0145			
		$c \to \gamma \to I$	−0.2604			
		$c \to \theta \to I$	0.0187			
P_{ye}	0.1205					0.0145

5.5 渠道土壤水分入渗模型和评价指标

5.5.1 渠道土壤水分入渗模型

依据前人对土壤水分入渗模型的研究成果和本次试验方案及过程的处理情况，利用 Kostiakov 模型、Kostiakov-Lewis 模型、Philip 模型和 Horton 模型对渠道土壤水分累积入渗量进行模拟研究，以上入渗模型广泛应用于模拟土壤水分入渗过程[150-152]。采用上述模型计算各试验处理条件下土壤水分累积入渗量，并与试验结果进行对比分析，择优选取出适宜试验条件下渠床土壤入渗过程精度较高的入渗模型。

（1）Kostiakov 模型计算土壤水分入渗过程的累积入渗量表达式为：

$$I(t) = k \times t^a \tag{39}$$

式中：$I(t)$ 为累积入渗量，cm；t 为入渗时间，min；k，α 为回归经验参数，可由入渗资料求得。

（2）Kostiakov-Lewis 模型计算土壤水分入渗过程的累积入渗量表达式为：

$$I(t) = k \times t^a + i_c \times t \tag{40}$$

式中：$I(t)$ 为累积入渗量，cm；i_c 为土壤相对稳定入渗率，cm/min；t 为入渗时间，min；k，α 为经验参数，可由入渗资料求得。

（3）Horton 模型计算土壤水分入渗过程的累积入渗量表达式为：

$$I(t) = i_c \times t + \frac{1}{\beta}(i_0 - i_c) \times (1 - e^{-\beta t}) \tag{41}$$

式中：$I(t)$ 为累积入渗量，cm；i_c 为土壤相对稳定入渗率，cm/min；i_0 为土壤初始入渗率，cm/min；t 为入渗时间，min；β 为经验参数，可由入渗资料求得。

（4）Philip 模型计算土壤水分入渗过程的累积入渗量表达式为：

$$I(t) = S \times t^{0.5} + A \times t \tag{42}$$

式中：$I(t)$ 为累积入渗量，cm；A 为土壤相对稳定入渗率，cm/min；t 为入渗时间，min；S 为吸渗率，cm/h$^{0.5}$，可由入渗资料求得。

5.5.2 入渗模型评价指标

本节通过开展试验值和入渗公式计算值的对比分析，评价其土壤水分入渗方程的计算精度。书中选取均方根误差（$RMSE$）、平均绝对误差（MAE）和整群剩余系数（CRM）作为评价指标，若 $RMSE$ 值、MAE 值越小、CRM 值更趋于 0 时，表明该入渗公式用于模拟评价试验条件下的土壤水分入渗过程最佳；反之则不佳。具体评价指标的表达式见4.3.1节。

5.5.3 土壤入渗模型及渠道渗漏公式的评价

5.5.3.1 土壤水分入渗模型的参数估计

选取上述（1）~（4）4种土壤水分入渗模型，对室内试验不同要素条件下渠道的水分入渗过程的累积入渗量进行对比分析，由试验所得实测值和确定模型参数后的拟合值进行误差分析比较，择优选择试验条件下的土壤入渗模型。具体入渗模型的参数值见表31。

图39（a）表示渠道水深h为20 cm，土壤容重γ为1.5 g/cm^3，渠道底宽w为25 cm，边坡系数m为1、1.2、1.5；图39（b）表示渠道水深h为30 cm，土壤容重γ为1.45 g/cm^3，边坡系数m为1，渠道底宽w为10 cm、15 cm、20 cm、25 cm；图39（c）表示渠道底宽w为25 cm，土壤容重γ为1.5 g/cm^3，边坡系数m为1，渠道水深h为20 cm、30 cm、40 cm，图39（d）表示渠道水深h为40 cm，渠道底宽w为25 cm，边坡系数m为1，土壤容重γ为1.4 g/cm^3、1.45 g/cm^3、1.5 g/cm^3。对各试验进行数据拟合处理可见，4种土壤水分入渗模型拟合数据和实测数据基本相吻合，均呈现出随着时间的推移，累积入渗量线性增加的过程。但对其4个土壤入渗公式相比较可发现差异，具体为：

Kostiakov入渗模型在各个试验处理上呈整体比较相近，入渗初期和末期偏差较为明显。由图39（a）可见，入渗初期的拟合值较实测值增大6.55%，入渗末期的拟合值较实测值减小3.11%；由图39（c）可见，入渗初期的拟合值较实测值增大6.26%，入渗末期的拟合值较实测值减小3.03%。由此得出，用Kostiakov二参数拟合试验数据整体规律一致，入渗初期和末期两组数据存在微小偏差，这与张金丁[25]、郑策等[151]的研究结论一致，即可用于模拟试验条件下土壤水分入渗过程。

Kostiakov-Lewis入渗模型在各个试验处理上呈整体比较相近，且入渗过程中各时段的误差值偏小。由图39（b）可见，入渗初期的拟合值较实测值增大3.68%，入渗末期的拟合值较实测值减小1.37%；由图39（d）可见，入渗初期的拟合值较实测值增大3.14%，入渗末期的拟合值较实测值减小0.06%。由此得出，用Kostiakov三参数入渗模型拟合试验数据整体规律一致，入渗初期和末期两组数据相对误差较小，相比Kostiakov二参数入渗模型能够更好地模拟土壤水分入渗过程，即应用

Kostiakov-Lewis模型对模拟评价试验条件下的土壤水分入渗过程最佳。

Philip入渗模型形式模拟试验条件下的土壤水分入渗过程，基本呈现整体相近，入渗初期存在一定的偏差。由图39（a）可见，入渗初期的拟合值较实测值减小12.71%，入渗末期的拟合值较实测值增加0.38%；由图39（b）可见，入渗初期的拟合值较实测值减小12.62%，入渗末期的拟合值较实测值增加0.65%。由此可见，Philip入渗模型形式较Kostiakov三参数入渗模型误差偏大，适宜模型优选Kostiakov三参数入渗模型。

Horton入渗模型形式相比前三个模型，误差值较大，由图39（c）可见，入渗初期的拟合值较实测值增大26.91%，入渗末期的拟合值较实测值减小8.1%；由图39（d）可见，入渗初期的拟合值较实测值增大24.24%，入渗末期的拟合值较实测值减小9.05%。由此可见，Horton入渗模型形式与上述三种模型相比效果相对较差。

表31　入渗模型的参数值

Table.31　Parameters of the infiltration model

试验处理	Kostiakov		Philip		Kostiakov–Lewis			Horton
	k	a	S	A	k	a	i_c	β
$h20-\gamma1.5-w25-m1.0$	0.270	0.886	0.312	0.126	0.277	0.348	0.141	0.137
$h20-\gamma1.5-w25-m1.2$	0.320	0.861	0.419	0.124	0.460	0.293	0.145	0.130
$h20-\gamma1.5-w25-m1.5$	0.419	0.819	0.617	0.117	0.950	0.202	0.150	0.112
$h30-\gamma1.45-m1.0-w10$	0.624	0.751	0.954	0.100	1.779	0.136	0.154	0.086
$h30-\gamma1.45-m1.0-w15$	0.811	0.713	1.213	0.091	2.658	0.098	0.161	0.085
$h30-\gamma1.45-m1.0-w20$	1.095	0.665	1.544	0.077	4.169	0.033	0.169	0.082
$h30-\gamma1.45-m1.0-w25$	1.386	0.630	1.848	0.065	5.215	0.016	0.177	0.071
$w25-\gamma1.5-m1.0-h20$	0.326	0.852	0.456	0.117	0.639	0.225	0.141	0.152
$w25-\gamma1.5-m1.0-h30$	0.458	0.811	0.699	0.119	1.407	0.120	0.159	0.132
$w25-\gamma1.5-m1.0-h40$	0.682	0.758	1.057	0.115	2.916	0.029	0.178	0.109
$h40-w25-m1.0-\gamma1.4$	1.138	0.705	1.684	0.120	4.345	0.038	0.222	0.061
$h40-w25-m1.0-\gamma1.45$	0.571	0.812	0.858	0.151	1.595	0.128	0.200	0.075
$h40-w25-m1.0-\gamma1.5$	0.294	0.910	0.291	0.162	0.238	0.384	0.175	0.161

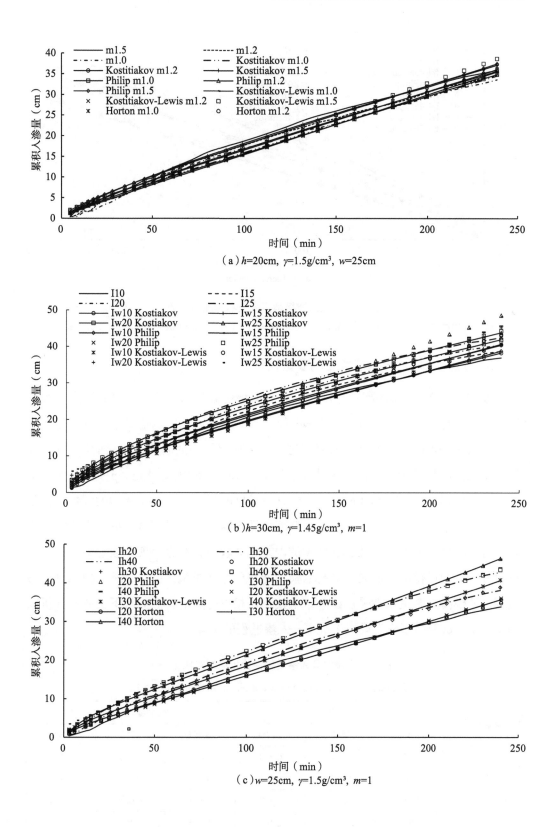

（a）h=20cm, γ=1.5g/cm³, w=25cm

（b）h=30cm, γ=1.45g/cm³, m=1

（c）w=25cm, γ=1.5g/cm³, m=1

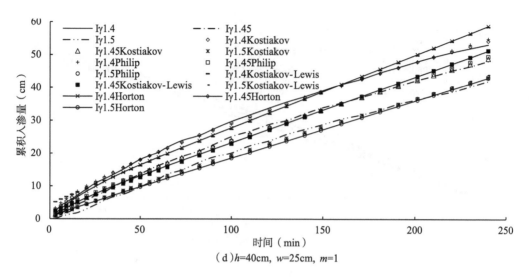

（d）h=40cm, w=25cm, m=1

图 39 土壤入渗模型拟合值和实测值比较

Fig.39 Comparison between the fitting value of soil infiltration model and the measured value

5.5.3.2 土壤水分入渗模型的参数评价

表32和表33为试验处理的13组拟合数据评价分析情况，无论试验因素的改变还是试验处理的变化，Kostiakov-Lewis模型均呈现出RMSE的值最小，且变化幅度也相对较小；MAE的值与RMSE值相仿，均呈现出最小的趋势；CRM的值更趋于0值，变化幅度相对较小。在本次试验条件下，Kostiakov模型及Philip模型的评价指标良好，但相比Kostiakov-Lewis模型的计算精度略低，而Horton模型的评价指标相对较大，用于计算土壤水分入渗量的精度最低。通过上节对拟合数据与实测数据比较分析情况可知Kostiakov-Lewis模型的误差相对较小，结合对四个模型的统计指标评价分析，便可得出Kostiakov-Lewis模型能够更好地模拟试验条件下土壤水分入渗过程，该模型具有适用性强、误差结果较小、相对稳定的特点。故下文研究分析以Kostiakov-Lewis模型作为渠道土壤水分入渗过程的工具。

表32 土壤水分入渗模型评价指标的对比（一）

Table.32 Parameters of the infiltration model（one）

试验编号	Kostiakov			Kostiakov–Lewis		
	RMSE	*MAE*	*CRM*	*RMSE*	*MAE*	*CRM*
*h*20	0.573	0.014	0.713	0.442	0.011	0.542
*h*30	0.544	0.013	0.662	0.293	0.012	0.404
*h*40	0.354	0.004	0.473	0.151	0.002	0.224
*s*1.5	1.807	0.112	2.107	1.755	0.103	2.082

试验编号	Kostiakov			Kostiakov–Lewis		
	RMSE	*MAE*	*CRM*	*RMSE*	*MAE*	*CRM*
*s*1.2	0.669	0.013	0.766	0.522	0.012	0.686
*s*1.0	1.978	0.131	2.118	1.341	0.007	1.605
*w*10	0.805	0.007	0.922	0.577	0.004	0.667
*w*15	0.786	0.002	0.898	0.545	0.003	0.627
*w*20	0.662	0.004	0.761	0.485	0.004	0.543
*w*25	0.694	0.003	0.781	0.511	0.001	0.564
*γ*1.40	0.577	0.004	0.672	0.251	0.002	0.311
*γ*1.45	0.761	0.011	0.921	0.504	0.012	0.644
*γ*1.50	0.780	0.013	0.883	0.906	0.003	1.031

表33 土壤水分入渗模型评价指标的对比（二）

Table.33 Parameters of the infiltration model（two）

试验编号	Philip			Horton		
	RMSE	*MAE*	*CRM*	*RMSE*	*MAE*	*CRM*
*h*20	0.779	0.003	0.912	0.781	0.013	0.912
*h*30	0.746	0.005	0.931	0.882	0.004	1.040
*h*40	0.901	0.004	1.144	1.113	0.003	1.281
*s*1.5	1.903	0.111	2.212	1.981	0.111	2.313
*s*1.2	0.821	0.013	0.933	0.982	0.012	1.131
*s*1.0	1.843	0.121	1.981	2.024	0.143	2.124
*w*10	1.212	0.006	1.392	1.035	0.001	1.200
*w*15	1.050	0.004	1.308	1.309	0.005	1.524
*w*20	1.181	0.014	1.545	1.535	0.020	1.769
*w*25	1.520	0.017	1.885	1.753	0.008	2.046
*γ*1.40	1.367	0.012	1.683	1.662	0.011	1.887
*γ*1.45	0.965	0.004	1.142	1.178	0.003	1.346
*γ*1.50	0.888	0.011	1.014	1.079	0.012	1.231

5.6 小结

本章通过模拟实际典型斗渠断面，以定量分析的方法，探明影响渠道土壤水分入渗过程的主导因素，采用通径分析的方法对试验因素逐步分析处理并做显著性检验，将显著性影响因素保留，剔除影响程度不显著的因素，并结合通径系数比较试验因素的影响程度。同时以试验结果为基础，对比分析常用的土壤水分入渗模型，通过比对分析试验值和模型计算值，用其评价指标加以衡量，以此确定描述试验条件下土壤水分入渗模型。得出以下结论：

（1）当渠道宽深比 $\alpha > 0.914$ 时，渠道水分入渗以垂直向入渗作用增强，田间土渠渠道一般呈宽浅式梯形结构，通过对比分析不同渠道底宽和边坡系数条件下水平方向、垂直方向土壤含水率及水分入渗速率的差异变化，水平方向土壤含水率及入渗速率变幅相对较小；再结合通径分析影响因素的显著性分析，确定边坡系数这一因素对土壤水分入渗过程的影响不显著，可以剔除。

渠道水深 h、土壤容重 γ、渠道底宽 w、初始含水量 θ 及土壤粘粒含量 c 对土壤水分入渗的累积入渗量直接作用分别为 0.383 4、−0.401 4、0.315 5、−0.220 1 和 −0.775 0，其中 c 和 γ 对累积入渗量的直接效应较明显，$c > \gamma$；h 和 w 对累积入渗量的直接效应显著，$h > w$；θ 对累积入渗量的直接效应相对较小。h、γ、w、θ 及 c 对累积入渗量的总作用分别为 0.770 1、−0.995 2、0.756 5、−0.213 8 和 −1.045 6，c 和 γ 对累积入渗量的总效应明显，主要来自直接效应的作用结果，而各变量之间的间接作用对累积入渗量的作用效果不明显。

h、γ、w、θ 及 c 对累积入渗量决策系数分别为 0.443 5、0.637 8、0.377 8、0.142 5 和 1.020 1，剩余项的通径系数和决策系数分别为 0.120 5 和 0.014 5，其数值较小，说明书中所研究的影响渠道渗漏的主要因素基本包括在内。

书中所涉及的试验主导因素对土壤水分入渗过程中累积入渗量的影响程度依次为 $c > \gamma > h > w > \theta$。

（2）以室内模拟渠道土壤水分入渗成果为研究基础，分析对比试验模拟值和 Kostiakov 模型、Kostiakov-Lewis 模型、Philip 模型及 Horton 模型的计算值，其中 Kostiakov-Lewis 模型均呈现出 $RMSE$ 的值最小，且变化幅度也相对较小；MAE 的值与 $RMSE$ 值相仿，均呈现出最小的趋势；CRM 的值更趋于 0 值，变化幅度相对较小。结合模型误差分析和统计指标评价情况，确定 Kostiakov-Lewis 模型能够更好地模拟试验条件下土壤水分入渗过程，该模型具有适用性强、误差结果较小、相对稳定的特点。

6　渠道二维入渗参数的多因子数学模型构建及验证应用

以Kostiakov-Lewis 模型作为研究渠道二维入渗的基础模型，本章研究的主要内容为探究不同影响因素对土壤水分入渗模型参数的影响规律，确定入渗参数K、a和i_c与渠道水深h、底宽w、容重γ、初始含水量θ及粘粒含量c的数量关系，探明入渗参数能否用试验因素h、w、γ、θ和c所表示的Kostiakov-Lewis 模型。本章研究的切入点为依据试验结果，先以单因素变化为前提，通过 Excel 和 SPSS 软件进行模型参数与试验因子的回归分析，确定单个自变量对应的入渗系数表达式，依次确定每个试验因素与入渗参数的数量关系，再通过多元回归分析，将试验因素全部拟合到模型入渗参数里，从而确定Kostiakov-Lewis入渗参数的多因子数学模型。本研究成果可为灌区节水工程改造实施、灌溉水有效利用系数的控制指标及区域水资源评价等提供方法和手段。

6.1　建立土壤物理性质指标与模型参数的数学关系

结合不同试验因素条件下渠道土壤水分二维入渗特性及以Kostiakov-Lewis模型作为研究渠道土壤水分运动的基础，探寻土壤物理性质指标（c、γ、θ）与Kostiakov-Lewis模型参数K、a、i_c之间的数量关系，具体试验情况见各节的详细处理。

6.1.1　土壤粘粒含量与入渗模型参数的关系

如图40所示试验具体处理是渠道水深h为70 cm、渠道底宽w为100 cm、土壤容重γ为1.5 g/cm³，土壤初始含水量θ为0.24 cm³/cm³，土壤粘粒含量c设置4个水平依次为5.60%、8.62%、11.35%和13.60%。依据试验模拟结果，利用SPSS软件对Kostiakov-Lewis 模型的入渗参数进行回归分析处理，从而得到Kostiakov-Lewis 模型入渗参数K、a、i_c，可由试验设置的土壤粘粒含量c所表示。土壤粘粒含量与模型参数的关系曲线如下。

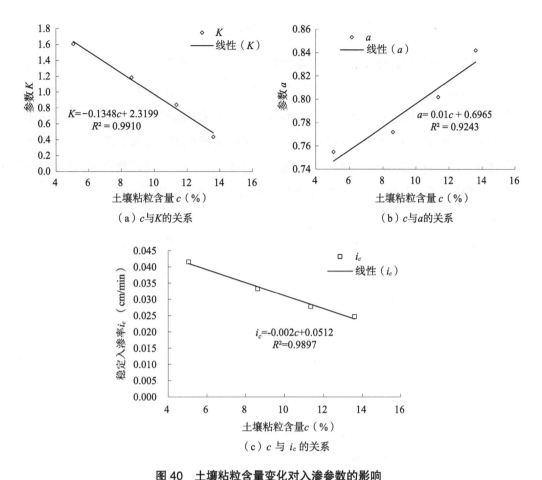

图 40　土壤粘粒含量变化对入渗参数的影响

Fig.40　Influence of soil clay content on infiltration parameters

由以上分析可得，以土壤粘粒含量c作为自变量所拟合的Kostiakov-Lewis模型计算式为：

$$I_c=(-0.1348c+2.3199)\times t^{(0.0100c+0.6965)}+(-0.002c+0.0512)\times t \qquad (43)$$

由图40可知：随着土壤粘粒含量c的变化，模型参数K、a、i_c的变化均较显著，且可用线性方程表述其c值与K、a、i_c之间的关系。其中模型入渗系数K和i_c均随着土壤粘粒含量c的增大，基本呈线性负相关的关系（$R^2=0.9910$、$R^2=0.9897$）；模型入渗系数a随着土壤粘粒含量c的增大，基本呈线性正相关的关系（$R^2=0.9243$）。即模型入渗参数与土壤粘粒含量c之间存在较好的数量关系，且拟合度均较高。

综上分析得出：以土壤粘粒含量c作为自变量，对其模型参数K、a、i_c的影响均较显著，且存在良好的线性相关性，故可用方程（43）表述模型参数及入渗方程。

6.1.2 初始含水量与入渗模型参数的关系

如图41所示试验处理分别是渠道水深h为50 cm、渠道底宽w为60 cm、土壤容重γ为1.4 g/cm³，土壤粘粒含量c占比为6.69%，土壤初始含水量θ设置3个水平依次为0.20 cm³/cm³、0.24 cm³/cm³和0.28 cm³/cm³。通过对试验模拟土壤水分入渗结果处理分析，利用Excel和SPSS软件对Kostiakov-Lewis模型的入渗参数进行回归分析分析处理，以此确定Kostiakov-Lewis模型的入渗参数K、a、i_c与试验设置的初始含水量θ的数学关系。具体初始含水量θ与模型参数的关系曲线如下。

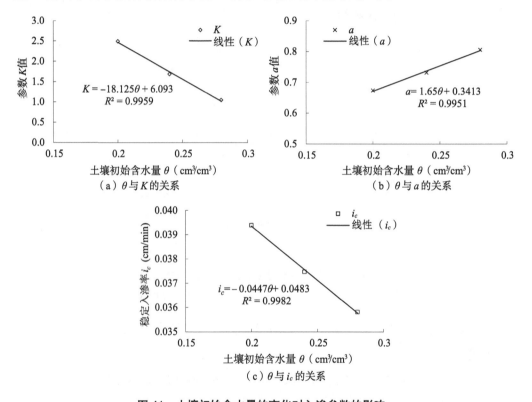

图41　土壤初始含水量的变化对入渗参数的影响

Fig.41　Effects of initial soil water content on infiltration parameters

由以上分析可得，以土壤初始含水量θ为自变量所拟合的Kostiakov-Lewis模型计算式为：

$$I_\theta=(-18.1250\theta+6.0930)\times t^{(1.6500\theta+0.3413)}+(-0.0447\theta+0.0483)\times t \qquad （44）$$

由图41可知：随着土壤初始含水量的变化，模型参数的变化均较显著，且可用线性方程表述二者之间的关系。其中模型入渗系数K和i_c随着土壤初始含水量的增大，基本呈线性负相关的关系（R^2=0.9959、R^2=0.9982）；模型入渗系数a随着土壤初始含水量的增大，基本呈线性正相关的关系（$R^2=0.9951$）。即模型入渗参数与土壤初始含水量之间存在一定的数量关系，且拟合度均较高。

综上分析得出：以土壤初始含水量 θ 作为自变量，对其模型参数 K、a、i_c 的影响均较显著，且存在良好的线性相关性，故可用方程（44）表述模型参数及入渗方程。

6.1.3 土壤容重与入渗模型参数的关系

图42表示试验处理为：渠道水深 h 为90 cm、渠道底宽 w 为80 cm、土壤初始含水量 θ 为 0.24 cm³/cm³，土壤粘粒含量 c 为 6.69%，土壤容重 γ 设置3个水平依次为 1.4 g/cm³、1.45 g/cm³ 和 1.5 g/cm³。依据试验模拟结果，利用SPSS软件对Kostiakov-Lewis 模型的入渗参数进行回归分析处理，以此可以建立由试验设置的土壤容重 γ 所表示的 Kostiakov-Lewis 模型入渗参数 K、a、i_c 的数量关系。

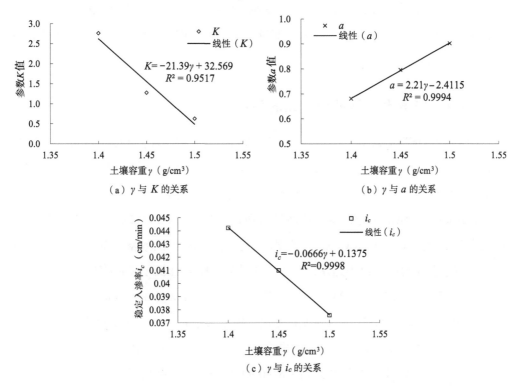

图 42　土壤容重的变化对入渗参数的影响

Fig.42　Effects of soil bulk density on infiltration parameters

由上述分析可得，以土壤容重 γ 为自变量所拟合的 Kostiakov-Lewis 模型：

$$I_\gamma = (-21.3900\gamma + 32.5690) \times t^{(2.2100\gamma - 2.4115)} + (-0.0666\gamma + 0.1375) \times t \qquad （45）$$

由图42可知：随着土壤容重γ的变化，模型参数K、a、i_c的变化均较显著，且亦可用线性方程表述二者之间的关系。其中模型入渗系数K和i_c随着土壤容重的增大，基本呈线性负相关的关系（$R^2=0.9517$、$R^2=0.9998$）；模型入渗系数a随着土壤容重的增大，呈线性正相关的关系（$R^2=0.9994$）。模型入渗参数与土壤容重之间存在一定的数量关系，且拟合度均较高。

综上分析得出：以土壤容重γ作为自变量，对其模型参数K、a、i_c的影响较显著，且存在良好的线性相关性，故可用方程（45）表述模型参数及入渗方程。

6.2　建立渠道水力要素与模型参数的数学关系

本节研究渠道水力要素（h、w）与Kostiakov-Lewis模型参数K、a、i_c之间的数量关系，试验设置4个固定量、1个自变量情况下的渠道入渗模拟试验，具体试验情况见各节的叙述处理。

6.2.1　渠道水深与模型参数的关系

图43表示试验处理为：渠道底宽w为100 cm、土壤容重γ为1.45 g/cm^3、土壤初始含水量θ为0.24 cm^3/cm^3，土壤粘粒含量c为6.69%，渠道水深h设置4个水平处理依次为50 cm、70 cm、90 cm和110 cm。依据模拟试验结果，结合Excel和SPSS软件对Kostiakov-Lewis模型的参数依次进行回归分析处理，即可以建立由试验设置的渠道水深h表示的Kostiakov-Lewis模型入渗参数K、a、i_c的数量关系。

由以上分析可得，以渠道水深h为变量拟合的Kostiakov-Lewis模型：

$$I_h = (\,0.0154h + 0.2493\,) \times t^{(\,-0.0014h + 0.8863\,)} + (\,0.0001h + 0.0330\,) \times t \qquad （46）$$

由图43可知：随着渠道水深h的变化，模型参数K、a、i_c的变化均较显著，且可用线性方程表述h与K、a、i_c之间的关系。其中模型入渗系数K、i_c随着渠道水深的增大，基本呈线性正相关的关系（$R^2=0.9915$、$R^2=0.9999$）；而模型入渗系数a随着渠道水深的增大，基本呈线性负相关的关系（$R^2=0.9963$）。即模型入渗参数与渠道水深之间存在一定的数量关系，且拟合度均较高。

综上分析得出：以渠道水深作h为自变量，对其模型参数K、a、i_c的影响较显著，且存在良好的线性相关性，故可用方程（46）表述模型参数及入渗方程。

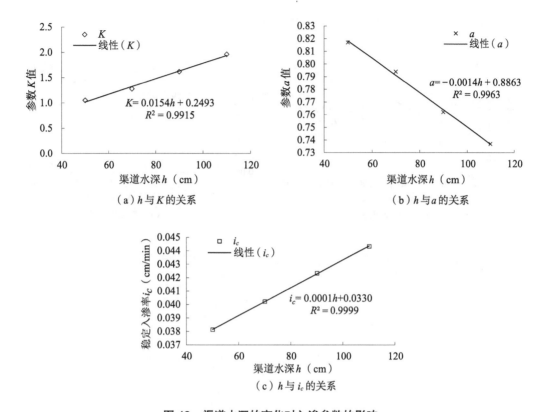

图 43　渠道水深的变化对入渗参数的影响

Fig.43　Effect of channel water depth on infiltration parameters

6.2.2　渠道底宽与入渗模型参数的关系

图 44 表示试验处理分别是渠道水深 h 为 70 cm、土壤容重 γ 为 1.5 g/cm³、土壤初始含水量 θ 为 0.28 cm³/cm³，土壤粘粒含量 c 为 6.69%，渠道底宽 w 设置 4 个水平依次为 60 cm、80 cm、100 cm 和 120 cm。通过对试验模拟结果进行处理分析，并利用 Excel 和 SPSS 软件对 Kostiakov-Lewis 模型的入渗参数进行回归分析处理，以此确定土壤水分入渗模型（Kostiakov-Lewis 模型）的入渗参数 K、a、i_c 与试验设置的渠道底宽 w 所建立的数学关系。具体渠道底宽与模型参数的关系曲线如下。

由以上分析可得，以渠道底宽 w 为变量所拟合的 Kostiakov-Lewis 模型：

$$I_w=(\,0.0371w-0.7437\,)\times t^{(\,-0.0022w+0.8602\,)}+(\,6\times10^{-5}w+0.0299\,)\times t \qquad (47)$$

由图 44 可知：随着渠道底宽 w 的变化，模型参数 K、a、i_c 的变化均较显著，且亦可用线性方程表述二者之间的关系。其中模型入渗系数 K、i_c 随着渠道底宽的增大，基本呈线性正相关的关系（$R^2=0.9897$、$R^2=0.9986$），而模型入渗系数 a 随着渠道底宽的增大，基本呈线性负相关的关系（$R^2=0.9965$）。模型入渗参数与渠道底宽之间存在良好的数量关系，且拟合度均较高。

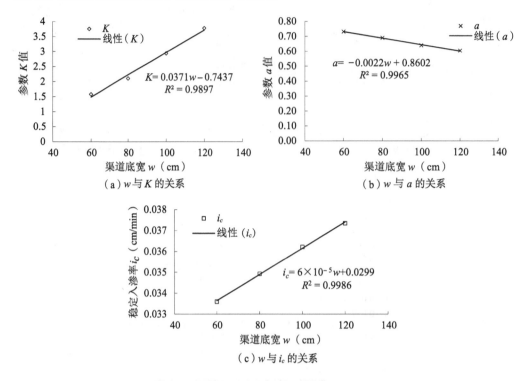

图 44　渠道底宽的变化对入渗参数的影响

Fig.44　Effect of channel bottom width on infiltration parameters

　　综上分析得出：以渠道底宽 w 作为自变量，对其模型参数 K、a、i_c 的影响较显著，且存在良好的线性相关性，故可用方程（47）表述模型参数及入渗方程。

6.3　土壤水分入渗模型参数的多因子模型建模

　　依据上述单因素回归结果得到的 Kostiakov-Lewis 模型中 K、a 及 i_c 值均能够用试验设置的渠道水深 h、渠道底宽 w、土壤容重 γ、初始含水量 θ 和粘粒含量 c 所表达，因应用上述公式需满足试验要求的条件，公式比较单一且受条件限制明显。因此需要再次进行多元回归分析处理，将 h、w、γ、θ 和 c 联合共同表示在 Kostiakov-Lewis 模型的入渗参数内，即入渗参数 K、a、i_c 均包含试验设置的变量 h、w、γ、θ 和 c。

表34 Kostiakov-Lewis模型拟合参数变化

Table.34 Variation of fitting parameters of kostiakov-lewis model

参数	与K的线性关系	R^2	与a的线性关系	R^2	与i_c的线性关系	R^2
h	$K=0.0154h+0.2493$	0.9915	$a=-0.0014h+0.8863$	0.9963	$i_c=0.0001h+0.0330$	0.9999
w	$K=0.0371w-0.7437$	0.9897	$a=-0.0022w+0.8602$	0.9965	$i_c=6\times10^{-5}w+0.0299$	0.9986
γ	$K=-21.3900\gamma+32.5690$	0.9517	$a=2.2100\gamma-2.4115$	0.9994	$i_c=-0.0666\gamma+0.1375$	0.9998
θ	$K=-18.1250\theta+6.0930$	0.9959	$a=1.6500\theta+0.3413$	0.9951	$i_c=-0.0447\theta+0.0483$	0.9982
c	$K=-0.1348c+2.3199$	0.9910	$a=0.0100c+0.6965$	0.9243	$i_c=-0.0020c+0.0512$	0.9897

结合表34渠道水深h、渠道底宽w、土壤容重γ、初始含水量θ和粘粒含量c与Kostiakov-Lewis 模型参数的数量关系可知，Kostiakov-Lewis模型参数K、a、i_c分别与h、w、γ、θ和c存在较好的线性相关关系。以单因素回归过程为基础，分析结果为依据，再将h、w、γ、θ和c的Kostiakov-Lewis模型回归参数K、a、i_c进行多元回归分析处理，以此确定h、w、γ、θ和c 5个因素的Kostiakov-Lewis模型参数K、a、i_c表达式。

$K=-0.001h+0.019w-6.250\gamma+11.877\theta-18.507c+7.676$ （$R^2=0.912$，$P<0.01$）

$a=0.001h-0.001w+0.415\gamma-1.079\theta+1.666c+0.359$ （$R^2=0.952$，$P<0.01$）

$i_c=1.051\times10^{-4}h+7.364\times10^{-5}w-0.049\gamma-0.042\theta-0.203c+0.120$

（$R^2=0.999$，$P<0.01$）   （48）

从而确定Kostiakov-Lewis模型内的三参数K、a、i_c，入渗参数均可以由试验设置的变量h、w、γ、θ和c表示，即Kostiakov-Lewis入渗参数的多因子数学模型，其方程亦可表述为：

$$I(t)=(-0.001h+0.019w-6.250\gamma+11.877\theta-18.507c+7.676)\times$$
$$t^{(0.001h-0.001w+0.415\gamma-1.079\theta+1.666c+0.359)}+(1.051\times10^{-4}h+7.364\times10^{-5}w-0.049\gamma-$$
$$0.042\theta-0.203c+0.120)\times t$$

（49）

式中：$I(t)$为累积入渗量，cm；t为入渗时间，min；h为渠道水深，cm；w为渠道底宽，cm；γ为土壤容重，g/cm³；θ为土壤初始含水量，cm³/cm³；c为土壤粘粒含量，%。

6.4 模型应用及验证

6.4.1 不同试验要素条件下土壤水分入渗速率的研究

参照室内入渗试验的土壤物理性质指标及渠道水力要素，以Kostiakov-Lewis入渗参数的多因子数学模型计算渠道土壤水分入渗速率，探寻不同试验因素条件下入渗速率拟合曲线方程参数的数量关系，并对比分析稳定入渗速率的试验值及模拟值，以此确定Kostiakov-Lewis入渗参数的多因子数学模型的可行性。

经分析可见，渠道土壤水分入渗速率随时间推移均呈非稳定流的变化规律，其入渗速率均随着时间的推移大致概化为三个阶段：第一阶段入渗速率呈快速下降阶段，由于开始试验时土壤的入渗能力相对较强，累积入渗量和入渗速率均较大；到达一定时间后，进入第二阶段入渗速率呈线性减小的趋势，并逐步趋于稳定；而第三阶段入渗速率基本为常值，此时土壤水分入渗速率等于稳定入渗速率。

6.4.1.1 渠道水深与入渗速率的关系研究

如图45所示试验处理为5种h分别是20 cm、25 cm、30 cm、35 cm和40 cm，w=20 cm，γ=1.4 g/cm³，θ=0.24 cm³/cm³，c=6.69%，即不同渠道水深处理条件下渠道土壤水分渗漏强度的变化过程，其中第一阶段入渗过程为0～40 min，随着渠道水深h的增大，各处理相比上一个水平增幅依次为8.82%、9.47%、10.24%和11.16%；第二阶段入渗过程为40～140 min，随着h的增大，各处理增幅依次为8.21%、8.87%、9.65%和10.57%；而后基本视为第三阶段稳定渗漏过程，随着h的增大，各处理增幅依次为7.02%、7.67%、8.44%和9.35%。由此可知渠道水深变化，通过改变土壤水分入渗过程的湿周面及压力势能共同作用，使得入渗速率随着水深变化而不同程度地改变。

通过对不同水深处理条件下渠道土壤水分入渗过程曲线进行拟合分析，可见随着时间的推移，其入渗过程呈现以幂函数形式能够较好地表述其变化规律，其拟合参数情况见图46，其中拟合函数参数A值均随着渠道水深的增大，呈显著增大的变化趋势（$P<0.05$）。表明试验处理条件的入渗速率与时间基本呈幂函数相关关系，随着渠道水深的增大，拟合参数A、B均显著增大，且二参数均随着渠道水深变化呈线性正相关关系，其土壤水分入渗过程增强，入渗速率逐渐变大。

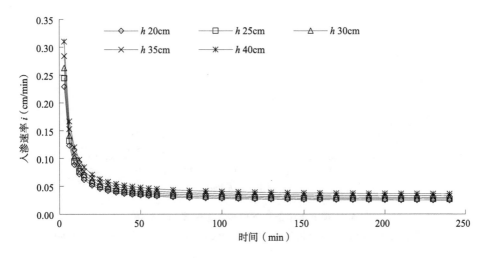

图 45 不同水深条件下入渗速率变化过程线

Fig.45 Process line of infiltration rate change under different water depth conditions

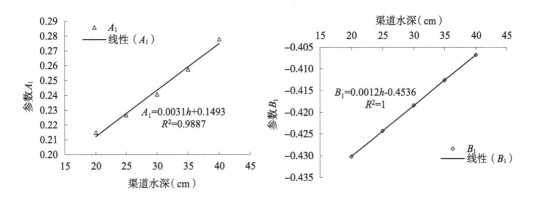

图 46 渠道水深与拟合渗漏强度曲线参数的关系

Fig.46 The relationship between channel water depth and parameters of fitting leakage strength curve

　　通过对比试验实测土壤水分稳定入渗速率及模型计算值可知，随着渠道水深的增大，稳定入渗速率则不同程度增强，且二者之间的关系均可用线性函数所表述。由图47可知，稳定入渗速率的试验值与模拟值存在一定的差异，随着水深的增大，二者之间的误差值依次为9.04%、8.89%、5.96%、0.46%、3.06%，其差值基本在允许误差范围内，表明试验所建立的多因子模型能够有效地计算土壤水分稳定入渗速率。

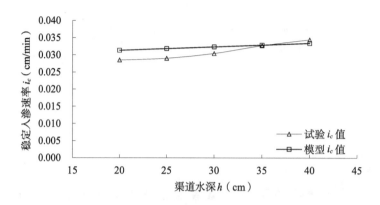

图 47　渠道水深条件下稳定入渗速率的对比值

Fig.47　The ratio of the stable infiltration rate under the condition of channel depth

6.4.1.2　渠道底宽与入渗速率的关系研究

如图 48 所示试验处理是 4 种 w 分别为 10 cm、15 cm、20 cm 和 25 cm，h=30 cm，γ=1.45 g/cm³，θ=0.24 cm³/cm³，c=6.69%，即不同渠道底宽处理条件下渠道土壤水分渗漏强度的变化过程，其中第一阶段入渗过程为 0～45 min，随着渠道底宽 w 的逐渐增大，各处理相比上一个水平增幅依次为 8.27%、7.77% 和 7.55%；第二阶段渗漏过程为 45～150 min，随着 w 的增大，各处理增幅依次为 6.93%、7.11% 和 7.32%；而后基本视为第三阶段稳定渗漏过程，随着 w 的增大，各处理增幅依次为 6.86%、6.61% 和 6.04%。由此可见渠道底宽变化，通过改变土壤水分入渗过程的湿周面，使得入渗速率随着底宽变化而不同程度地改变。

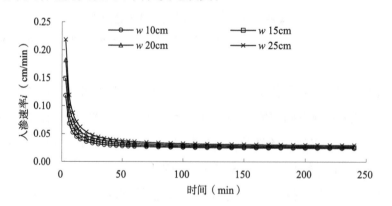

图 48　不同底宽条件下入渗速率变化过程线

Fig.48　Process line of infiltration rate variation under different base width

通过对不同底宽处理条件下渠道土壤水分渗漏强度的过程曲线进行拟合分析，可见随着时间的推移，其入渗过程呈现以幂函数形式能够较好地描述其变化规律，其拟合参数情况见图49，其中拟合函数参数A值均随着渠道底宽的增大，呈显著增大变化趋势（$P < 0.05$）。表明试验处理条件的渗漏强度与时间基本呈幂函数相关关系，随着渠道底宽的增大，参数A显著增大，参数B减小，两参数均随着渠道底宽变化呈线性相关关系，其土壤水分入渗过程增强，入渗速率逐渐增大。

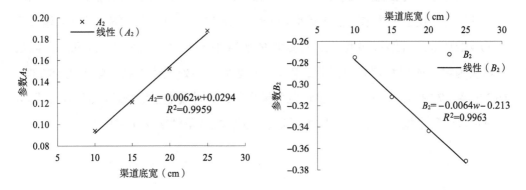

图 49　渠道底宽与拟合入渗速率曲线参数的关系

Fig.49　Relationship between channel bottom width and parameters of infiltration rate curve fitting

通过对比试验实测土壤水分稳定入渗速率及模型计算值可知，随着渠道底宽的增大，稳定入渗速率则不同程度增强，且二者关系均可用线性函数形式表述其变化规律。由图50可知，稳定入渗速率的试验值与模拟值存在一定的差异，随着底宽的增大，二者之间的误差值依次为10.78%、5.58%、5.35%、2.99%，其差值基本在允许误差范围内，表明试验所建立的多因子模型能够有效地计算土壤水分稳定入渗速率。

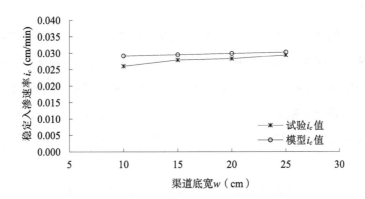

图 50　渠道底宽条件稳定入渗速率的对比值

Fig.50　The ratio of the stable infiltration rate under the condition of channel bottom width

6.4.1.3 土壤粘粒含量与入渗速率的关系研究

如图 51 所示试验处理是 4 种 c 分别为 5.06%、8.62%、11.35% 和 13.60%，h=40 cm，w=25 cm，γ=1.45 g/cm³，θ=0.24 cm³/cm³，即不同土壤粘粒含量处理条件下渠道土壤水分入渗速率的变化过程，其中第一阶段入渗为 0 ~ 50 min，随着粘粒含量 c 的增大，各处理相比上一个水平依次减小 23.08%、18.75%、20.00%；第二阶段入渗过程为 50 ~ 150 min，随着 c 的增大，各处理依次减小 20.65%、18.61%、20.06%；而后基本视为第三阶段稳定入渗过程，随着 c 的增大，各处理依次减小幅度为 18.28%、16.37% 和 17.73%。由此可见土壤粘粒含量变化，通过改变土壤颗粒内部结构，影响土壤持水、释水能力，使得入渗速率随着土壤粘粒含量的变化而变化。

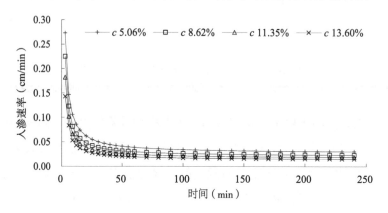

图 51　不同土壤粘粒含量条件下渠道入渗速率的变化

Fig.51　The change of channel infiltration rate under different soil clay content

通过对土壤粘粒含量处理条件下渠道土壤水分入渗速率的过程曲线进行拟合分析，随着时间的推移，其入渗过程呈现以幂函数形式能够较好地描述其变化规律，其拟合参数情况见图 52，其中拟合函数参数 A 值均随着粘粒含量 c 的增大，呈显著减小的变化趋势（$P < 0.05$）。表明试验处理条件的入渗速率与时间基本呈幂函数相关关系，随着土壤粘粒含量的增大，拟合参数 A 显著减小，参数 B 增大，两参数均随着粘粒含量变化呈线性相关关系，其土壤水分入渗过程减弱，入渗速率逐渐减小。

通过对比试验实测土壤水分稳定入渗速率及模型计算值可知，随着土壤粘粒含量的增大，稳定入渗速率均呈现不同程度减弱的变化，且二者关系均可用线性函数形式表述其变化规律。由图 53 可知，稳定入渗率的试验值与模拟值存在一定的差异，随着土壤粘粒含量的增大，二者之间的误差值依次为 9.61%、4.94%、8.05%、

10.04%，其差值基本在允许误差范围内。

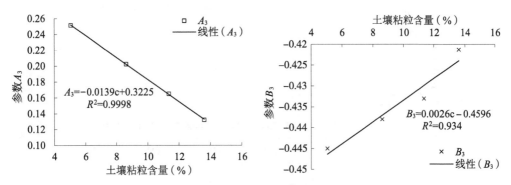

图 52　土壤粘粒含量与拟合入渗速率曲线参数的关系

Fig.52　Relationship between soil clay content and parameters of fitting infiltration rate curve

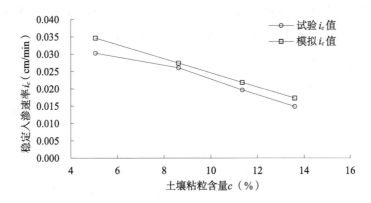

图 53　土壤粘粒含量条件稳定入渗速率的对比值

Fig.53　The ratio of soil clay content conditions to stable infiltration rate

6.4.1.4　土壤容重与入渗速率的关系研究

如图 54 所示试验处理是 3 种 γ 分别为 1.4 g/cm³、1.45 g/cm³ 和 1.5 g/cm³，h=20 cm，w=15 cm，θ=0.24 cm³/cm³，c=6.69%。其中第一阶段入渗过程为 0～45 min，随着土壤容重 γ 的增大，各处理相比上一个水平依次减小为 31.09% 和 41.94%；第二阶段入渗过程为 45～150 min，随着 γ 的增大，依次减小为 17.20% 和 18.74%；而后基本视为第三阶段稳定入渗过程，随着 γ 的增大，各处理依次减小为 12.18% 和 12.82%。由此可知，土壤容重的变化，使得土壤团粒结构、土体疏松度及孔隙度等发生改变，土壤水分入渗能力亦明显不同，即入渗速率随着土壤容重的变化而变化。

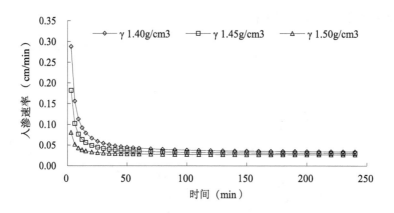

图 54　不同容重条件下入渗速率的过程线

Fig.54　The process line of infiltration rate under different bulk density

　　通过对不同容重处理条件下渠道土壤水分渗漏强度的过程曲线进行拟合分析，可见随着时间的推移，其入渗过程呈现以幂函数形式能够较好地描述其变化规律，其拟合参数情况见图 55，其中拟合函数参数 A 值均随着土壤容重的增大，呈显著减小的变化趋势（$P < 0.05$）。表明试验处理条件的入渗速率与时间基本呈幂函数相关关系，随着土壤容重的增大，参数 A 显著减小，参数 B 增大，两参数均随着土壤容重变化呈线性相关关系，其土壤水分入渗过程减弱，入渗速率逐渐减小。

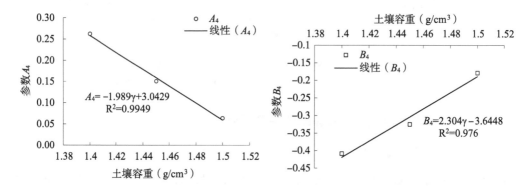

图 55　土壤容重与拟合入渗速率曲线参数的关系

Fig.55　Relationship between soil bulk density and parameters of fitting infiltration rate curve

　　通过对比试验实测土壤水分稳定入渗速率及模型计算值可见，随着土壤容重的增大，稳定入渗率则不同程度减弱，且二者关系均可用线性函数形式表述其变化规律。由图 56 可知，稳定入渗率的试验值与模拟值存在一定的差异，随着土壤容重的增大，二者之间的误差值依次为 8.09%、4.96%、1.82%，其差值基本在允许误差范围内，表明试验所建立的多因子模型能够有效地计算土壤水分稳定入渗率。

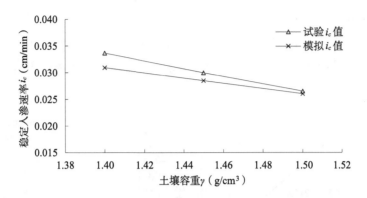

图 56　土壤容重条件稳定入渗速率的对比

Fig.56　Comparison of stable infiltration rate under bulk density condition

6.4.1.5　土壤初始含水量与渗漏强度的关系研究

如图57所示试验处理是3种 θ 分别为0.20、0.24和0.28 cm³/cm³，h=20 cm，w=25 cm，γ=1.5 g/cm³，c=6.69%，其中第一阶段入渗过程为0～50 min，随着初始含水量 θ 的增大，各处理相比上一个水平依次减小为48.79%和45.18%；第二阶段入渗过程为50～120 min，随着 θ 的增大，依次减小幅度为7.65%和7.05%；而后基本视为第三阶段稳定入渗过程，随着 θ 的增大，依次减小幅度为1.04%和0.85%。由此可知，土壤基质势会随着初始含水量的增大而变小，水分入渗的累积入渗量随之减小，当土体处于较高的初始含水量时，水分由湿润区至未湿润区运移能力相对变弱，故入渗后期，各处理之间的差异逐渐减小。

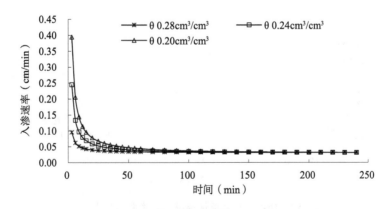

图 57　不同初始含水量条件下入渗速率的过程线

Fig.57　Process line of infiltration rate under different initial water content

通过对初始含水量处理条件下渠道土壤水分入渗速率以幂函数形式能够较好地描述其变化规律，其拟合参数情况见图58，其中拟合函数参数 A 值均随着初始含水量的增大，呈显著减小的变化趋势（$P < 0.05$）。表明试验处理条件的入渗速率与时间基本呈幂函数相关关系，随着初始含水量的增大，参数A显著减小，参数B增大，两参数均随着初始含水量变化呈线性相关关系，其土壤水分入渗过程减弱，入渗速率逐渐减小。

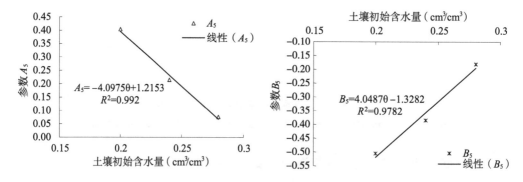

图 58　初始含水量与拟合入渗率曲线参数的关系

Fig.58　The relationship between the initial water content and the parameters of the fitting infiltration rate curve

通过对比试验实测土壤水分稳定入渗速率及模型计算值可见，稳定入渗速率均可用线性函数形式表述其变化规律。由图59可知，稳定入渗速率的试验值与模拟值存在一定的差异，随着土壤初始含水量的增大，二者之间的误差值依次为2.05%、6.93%、10.01%，其差值基本在允许误差范围内，表明试验所建立的多因子模型能够有效地计算土壤水分稳定入渗速率。

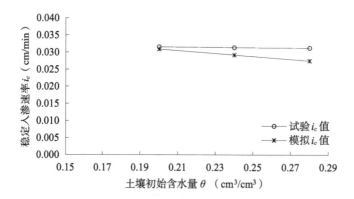

图 59　初始含水量条件稳定入渗速率的对比

Fig.59　Comparison of stable infiltration rate under initial water content condition

6.4.2　累积入渗量的对比验证

按照实际斗渠断面尺寸及土壤物理性质指标，再次采用HYDRUS–2D模型拓展渠道土壤水分入渗过程，以模拟试验及多因子计算式所得累积入渗量对比分析，验证Kostiakov-Lewis入渗参数的多因子数学模型的可靠性，具体验证模型的试验处理如表35所示。

表35 验证多因子数学模型的试验处理

Table.35 Variation of fitting parameters of kostiakov–lewis model

试验编号	渠道水深	渠道底宽	土壤容重	渠道边坡	土壤初始含水量	土壤粘粒含量	入渗时间
	h(cm)	w(cm)	γ(g/cm³)	m(cm/cm)	θ(cm³/cm³)	c(%)	T(min)
1	60	100	1.45	1	0.28	6.69	400
2	80	100	1.45	1	0.28	6.69	400
3	100	100	1.45	1	0.28	6.69	400
4	120	100	1.45	1	0.28	6.69	400
5	70	50	1.5	1	0.28	6.69	400
6	70	70	1.5	1	0.28	6.69	400
7	70	90	1.5	1	0.28	6.69	400
8	70	110	1.5	1	0.28	6.69	400
9	80	90	1.4	1	0.24	6.69	400
10	80	90	1.45	1	0.24	6.69	400
11	80	90	1.5	1	0.24	6.69	400

本节针对上述试验处理比对分析Kostiakov-Lewis入渗参数的多因子数学模型的计算值与试验值，由图60可见，模型计算值与试验值的变化规律基本一致，均呈现随着时间的推移，累积入渗量基本递增的变化趋势。入渗初期，两者的数值基本一致；一段时间后，由曲线斜率可知，试验值的入渗速率大于模拟值，累积入渗量的变化亦相同；再经入渗一定时间后，模拟值的累积入渗量大于试验值。在试验时间400 min内，不同渠道水深（60 cm、80 cm、100 cm和120 cm）处理情况下，累积入渗量的模拟值均大于试验值，且试验值与模型计算值的平均误差依次为4.65%、4.21%、3.34%和5.11%；不同渠道底宽（50 cm、70 cm、90 cm和110 cm）处理情况下，试验值与模型计算值的平均误差依次为5.14%、4.98%、5.07%和4.55%；不同土壤容重（1.4 g/cm³、1.45 g/cm³和1.5 g/cm³）处理情况下，试验值与模型计算值的平均误差依次为4.67%、3.01%和1.43%。由此可见，不同试验条件下试验值与模拟值的差异均在10%允许误差范围内，Kostiakov-Lewis改进模型能够有效地描述试验条件下土壤水分入渗过程累积入渗量的变化。

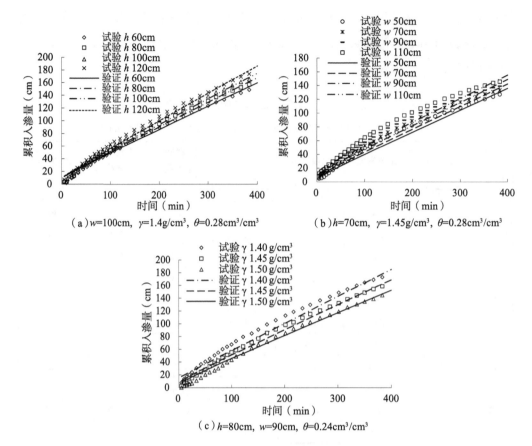

（a）w=100cm，γ=1.4g/cm³，θ=0.28cm³/cm³

（b）h=70cm，γ=1.45g/cm³，θ=0.28cm³/cm³

（c）h=80cm，w=90cm，θ=0.24cm³/cm³

图60　Kostiakov–Lewis 模型拟合验证

Fig.60　Kostiakov–lewis model fitting verification

　　通过对图60的变化规律分析，初步表明拟合的Kostiakov-Lewis模型计算值与试验值变化规律基本吻合，且两者之间平均误差基本在10%允许误差范围内。再结合统计学指标评价Kostiakov-Lewis模型计算值与试验值，结合表36分析结果可知，11组试验值和拟合公式计算值所得土壤水分入渗的累积入渗量的MAE、CRM和$RMSE$值情况，其中MAE值变化范围在0.33～0.81 cm之间；CRM值变化范围在0.01～0.08 cm之间；$RMSE$值变化范围在0.44～0.95 cm之间。可知上述统计指标值均较小，计算精度良好，表明所建立的拟合Kostiakov-Lewis模型能够较好地描述试验条件下土壤水分入渗的累积入渗量，且拟合模型合理可靠。

表36 Kostiakov-Lewis模型拟合验证的误差分析

Table.36 Error analysis of kostiakov-lewis model fitting verification

编号	400min 累积入渗量/cm		MAE/cm	CRM/cm	RMSE/cm
	实测值	模拟值			
1	152.57	159.66	0.33	0.02	0.46
2	160.92	167.69	0.36	0.01	0.44
3	169.37	175.03	0.47	0.03	0.52
4	177.36	186.43	0.44	0.03	0.55
5	129.26	135.91	0.54	0.06	0.63
6	135.48	142.23	0.63	0.08	0.76
7	141.67	148.85	0.70	0.08	0.83
8	148.62	155.37	0.81	0.08	0.95
9	177.00	185.26	0.71	0.05	0.79
10	164.02	168.95	0.42	0.01	0.49
11	150.36	152.51	0.43	0.03	0.51

6.5 小结

本章研究内容以模拟典型斗渠土壤水分入渗过程为基础，探明Kostiakov-Lewis模型中入渗参数K、a和i_c与渠道水深h、底宽w、土壤容重γ、初始含水量θ及粘粒含量c的数量关系，结果表明，试验影响主导因素的变化对其模型入渗参数的影响较显著，且模型的入渗参数与上述试验影响因素均呈线性相关关系，拟合度较高；结合Excel和SPSS软件对模型参数K、a和i_c与试验影响因素进行多元回归分析处理，分析确定模型参数K、a和i_c均可由试验因素h、w、γ、θ和c所简化表述，以此确定Kostiakov-Lewis入渗参数的多因子数学模型。

以Kostiakov-Lewis入渗参数的多因子数学模型为基础，应用分析并验证土壤水分入渗过程的稳定入渗速率及累积入渗量。结果表明，不同试验因素条件下土壤水分入渗速率均呈非稳定流的变化规律，以幂函数形式表述其变化过程，且拟合参数及试验因素呈线性相关关系。而稳定入渗速率试验值与模型计算值的误差基本在允许范围内；模拟试验累积入渗量与模型计算值的变化规律基本吻合，且两组数据的统计学指标值均较小，该模型计算精度良好，Kostiakov-Lewis入渗参数的多因子数学模型用以计算试验条件下土壤水分入渗的入渗速率及累积入渗量是可行的，且拟合模型合理可靠。研究结果可为探明渠道水分入渗规律、改进渠道防渗技术及开发新的渠道渗漏损失计算方法等提供参考。

7　基于渠道水利用效率计算方法的软件开发与实例应用

结合土壤水分入渗模型参数与试验影响主导因素的数学关系，即 Kostiakov-Lewis 模型入渗参数的多因子数学模型，开展渠道输水渗漏损失与利用效率计算方法的试验研究。依据 Kostiakov-Lewis 改进模型稳定入渗强度的计算式，确定单位公里渠道渗漏损失流量的数学模型，结合明渠水流方程和 Kostiakov 渠道渗漏损失模型，探究渠道流量与渠道损失系数的数量关系，再通过逆向方法求解 Kostiakov 渠道渗漏损失模型的土壤透水参数 A 和 m 值；而后采用积分法得到新的渠道渗漏损失计算方法，并开发计算软件对渠道水利用效率进行程序化计算。以河套灌区典型斗、农渠道为实例，通过静水法试验实测土壤透水参数 A 和 m 值，结合逆向求解计算土壤透水参数值，采用积分法计算渠道水利用的实测值和模拟值，明确该软件的计算精度，从而确定其适用性及可行性。本研究成果可为灌区节水工程规划实施和灌溉水有效利用系数的测算等提供方法和手段。

7.1　土壤透水参数的计算方法

以往土壤透水参数研究多集中在大量试验的基础上进行拟合分析确定，若缺乏实测资料则可采用经验值估算，其土壤透水参数的取值变化幅度对其渠道渗漏损失系数影响较为敏感。依据 Kostiakov-Lewis 入渗参数多因子模型及明渠水流方程，建立单位长度渠道渗漏损失流量与渠道流量的关系，通过逆向方法求解 Kostiakov 渠道渗漏损失模型的土壤透水参数。该方法有效克服大量试验困难及经验参数误差等不足，依据渠道实际情况，便可计算其参数值，具体分析过程如下所述。

7.1.1　建立渠道流量与输水损失流量的关系

依据渠道土壤水分渗漏强度的变化过程分析成果，以土壤水分稳渗强度为基础推求单位长度渠道渗漏损失流量，结合明渠水流方程，以此探明单位公里渠长渗漏损失流量与渠道流量的关系。

（1）依照上文所提出的渠道二维入渗参数的多因子数学模型，其中渠道土壤水分稳定入渗速率计算公式为：

$$i_c=1.051 \times 10^{-4}h+7.364 \times 10^{-5}w-0.049\gamma-0.042\theta-0.203c+0.120 \qquad （50）$$

式中：i_c为稳定入渗率，cm/min；h为渠道水深，cm；w为渠道底宽，cm；γ为土壤容重，g/cm³；θ为土壤初始含水量，cm³/cm³；c为粘粒含量，%。

（2）渠道梯形断面过水湿周计算公式为：

$$P = w + 2h\sqrt{1 + m^2} \qquad （51）$$

式中：P为湿周，m；w为渠道底宽，m；h为渠道水深，m；m为边坡系数。

（3）依据明渠水流方程计算渠道流量：

$$Q = AC\sqrt{Ri} \qquad （52）$$

式中：Q为渠道流量，m³/s；C为谢才系数，m$^{0.5}$/s；R为水力半径，m；i为渠底比降。

（4）某渠长渗漏损失流量：

$$S=i_c \times P \times L \qquad （53）$$

式中：S为入渗水量，m³/s；P为湿周，m；L为测试长度，m。

应用公式（50）～公式（53）便可计算单位公里渠道渗漏损失流量，书中选取试验设置4种h依次为50 cm、70 cm、90 cm和110 cm，w=100 cm，γ=1.45 g/cm³，θ=0.24 cm³/cm³，c=6.69%；设置4种w依次为60 cm、80 cm、100 cm和120 cm，h=70 cm，γ=1.45 g/cm³，θ=0.28 cm³/cm³，c=6.69%，共计8组试验，初步探究渠道土壤水分稳定渗漏强度及单位公里渠道渗漏损失流量和渠道流量的关系。

由图61（a）可见，随着渠道水深的增加渠道流量亦逐渐增大，土壤水分入渗过程中稳定渗漏强度亦依次增强，其增幅依次为13.04%、8.09%和10.78%，且变化趋势能用线性方程进行描述，呈线性正相关关系，方程为Q_f=2.2989Q+2.7876（R^2=0.9821）；由图61（b）可知，随着渠道流量的增加，每公里渠长损失流量则依次增加39.52%、28.61%和57.19%，且该变化规律能够用乘幂关系曲线加以描述，方程为S=0.0622$Q^{0.5444}$（R^2=0.9986）。

由图62（a）可见，随着渠道底宽的增加流量逐渐增大，土壤水分入渗过程中稳定渗漏强度亦依次变大，其增幅依次为9.85%、2.51%和3.36%，且变化趋势能用线性方程进行描述，呈线性正相关关系，方程为Q_f=4.3445Q+2.2852（R^2=0.9103）；由图62（b）可知，随着渠道流量的增加，每公里渠长损失流量则依次增加32.67%、20.57%和19.13%，且该变化规律能够用乘幂关系曲线加以描述，方程为S=0.0142$Q^{1.2968}$（R^2=0.9963）。

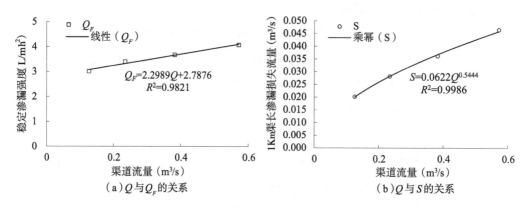

图 61　不同水深条件下渠道流量与稳渗强度和损失流量的关系

Fig.61　The relationship between channel flow rate and steady seepage strength and loss flow rate under different water depth

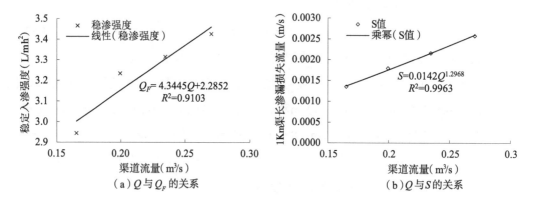

图 62　不同底宽条件下渠道流量与稳渗强度和损失流量的关系

Fig.62　The relationship between channel flow rate and steady seepage strength and lost flow rate under different base width

7.1.2　推求土壤透水参数的计算过程

选用下式作为计算渠道输水损失的公式：

$$\sigma = \frac{A}{100Q_n^m} \tag{54}$$

式中：σ 为单位公里渠道输水损失系数；A 为土壤透水系数；m 为土壤透水指数；Q_n 为渠道净流量，m^3/s。

将公式（54）变化表述形式，即得到单位公里长度输水损失流量计算式：

$$S = AQ_n^{1-m} / 100 \tag{55}$$

式中：S 为单位公里长度输水损失流量值，$m^3/s/km$。

结合实际需求情况，针对计算式（55）进行取对数分析，故得到下式：

$$\lg S = \lg A - 2 + (1-m)\lg Q_n \tag{56}$$

假定：$Y=\lg S$；$X=\lg Q_n$；$a=\lg A-2$；$b=1-m$

即可转化为线性方程表达式：$Y=a+bX$；其方程系数和常系数可用公式（57）表述：

$$b = \frac{\sum(X_i - \overline{X})(Y_i - \overline{Y})}{\sum(X_i - \overline{X})^2}$$

$$a = Y - bX$$

$$r = \frac{\sum(X_i - \overline{X})(Y_i - \overline{Y})}{\sqrt{\sum(X_i - \overline{X})^2 \sum(Y_i - \overline{Y})^2}} \tag{57}$$

式中：X_i 为方程的自变量；$\overline{X}$ 为自变量的平均值；Y_i 为方程的因变量；$\overline{Y}$ 为因变量的平均值；a 为回归截距；b 为回归斜率；r 为相关系数。

利用最小二乘法拟合该线性方程，便可用 a、b 值通过下式计算出渠道输水损失模型的土壤透水系数 A 和透水指数 m 值：$A=10^{2+a}$，$m=1-b$。

7.1.3　实例计算土壤透水参数值

结合土壤透水参数的计算方法及上述分析渠道流量和单位公里渠道渗漏损失流量的数学关系，以此确定试验条件下土壤的透水参数值。

利用上述拟合线性方程参数 a、b 值，计算土壤透水系数 $A=10^{2+a}$ 和透水指数 $m=1-b$。

图 63（a）为不同渠道水深条件下土壤透水参数确定的曲线，通过回归分析得到的 $a=-1.2061$，$b=0.5444$，再结合 $A=10^{2+a}$，$m=1-b$ 方程，分析得到不同水深处理的试验土壤透水系数 $A=6.2216$，透水指数 $m=0.4556$。

图 63（b）为不同渠道底宽条件下确定土壤透水参数的曲线，通过回归分析得到的 $a=-1.849$，$b=1.2968$，再结合 $A=10^{2+a}$，$m=1-b$ 方程，计算得到土壤透水系数 $A=1.4158$，透水指数 $m=-0.2968$。

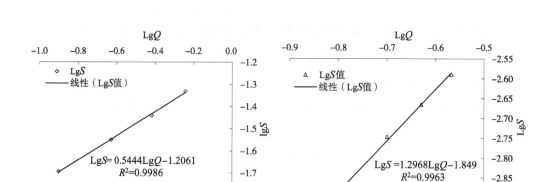

（a）不同渠道水深条件　　　　　（b）不同渠道底宽条件

图 63　土壤透水参数的确定曲线

Fig.63　The determination curve of soil pervious parameters

7.2　渠道水利用效率计算方法及软件开发

依据上述渠道渗漏损失系数内土壤透水参数的推求方法，在渠道设计或运行工况下考虑单位长度渠道损失系数沿程变化情况，采用积分法计算渠道水渗漏损失，形成新的渠道渗漏损失计算方法；针对正常运行的渠道而言，存在多个分水口，每个分水口有其对应的有效灌溉面积，依据渠道流量分配原则，并结合渠道渗漏损失计算方法，采用 Visual Basic 软件对其过程进行编程处理，开发相应的计算软件用以推算渠道水利用效率，具体分析过程如下：

7.2.1　积分法计算渠道输水渗漏损失的方法

以积分的方法探究渠道渗漏损失水量计算公式，为研究程序化计算渠道水利用效率提供支撑，而渠道渗漏损失水量是计算渠道水利用率的前提，计算渠道输水损失量常用经验公式（54），渠道输水损失 σ 亦可表述为：

$$\sigma = \frac{\Delta Q}{Q_n \times L} \tag{58}$$

式中：σ 为单位公里渠道输水损失系数；ΔQ 为渠道损失流量，m^3/s；Q_n 为渠道净流量，m^3/s。

假设正常输水渠道的引入流量定义为 $Q_毛$，经过渠道长度 L（L 内不存在配水口）时，其流量减小至 Q，水流再运行渠长 dL 时，假定该渠段内输水损失流量是 dQ，

那么水流运行渠长 $L+dL$ 时渠道净流量是 $Q-dQ$，则流程 dL 的输水损失量可表示为：

$$\sigma = \frac{dQ}{Q \times dL} \tag{59}$$

将公式（59）与经验公式（54）建立关系：

$$\frac{A}{100Q^m} = \frac{dQ}{Q \times dL} \tag{60}$$

针对公式（60）表达形式进行转型：

$$\frac{A}{100}dL = Q^{m-1}dQ \tag{61}$$

依据公式（61）建立积分关系表达式：

$$\int_0^L \frac{A}{100}dL = \int_{Q_n}^{Q_{毛}} Q^{(m-1)}dQ \tag{62}$$

对公式（62）进行求解积分计算：

$$\frac{AL}{100} = \frac{1}{m}\left(Q_{毛}^m - Q_n^m\right) \tag{63}$$

$$Q_n^m = Q_{毛}^m - \frac{mAL}{100} \tag{64}$$

得到渠道净流量的表达式：

$$Q_n = \left(Q_{毛}^m - \frac{mAL}{100}\right)^{\frac{1}{m}} \tag{65}$$

便可得到渠道损失流量的表达式：

$$\Delta Q = Q_{毛} - \left(Q_{毛}^m - \frac{mAL}{100}\right)^{\frac{1}{m}} \tag{66}$$

通过上述利用积分法推求渠道输水损失流量表达式可知，若确定渠道毛流量，土壤透水参数 A、m 可通过渠道流量—水深—渠道损失流量的内在联系，分析其渠道流量及损失流量的关系，通过逆向方法计算便可求解参数值。该方法用于观测的影响指标进行表述，便很容易获取渠道输水损失流量。该方法具有简便快捷、省时省力、易于观测等特点。

7.2.2　程序化计算渠道水利用效率的方法

就正常运行的渠道而言，实际会存在多个分水口，假设一条长度为 L 的渠道，控制有效灌溉总面积为 E，渠段内设有 n 个分水口，若第 $i-1$、i 个分水口对应的有效灌溉面积分别为 E_{i-1}、E_i，两个分水口的间距为 L_i，第 i 个分水口引出的流量为 Q_i，在一个灌溉周期内，引入、流出该渠道的平均流量分别为 $Q_入$、$Q_出$。具体渠道输配水示意图参见图64。

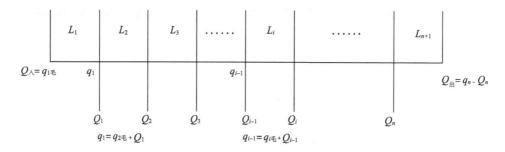

图64   渠道输配水示意图

Fig.64   Schematic diagram of water distribution channel

若正常灌溉周期内，每个分水口所引出的流量基本与所控制的灌溉面积成正比，假定该渠道输水利用系数为η，那么第i个分水口所引出的流量可表示为：

$$Q_i = [Q_\text{入} - Q_\text{出} - (1-\eta) \times Q_\text{入}] \times E_i / E \tag{67}$$

其中$Q_\text{入}$、$Q_\text{出}$、E_i、E均为已知量，通过假设渠道输水利用系数η值，便可推求第i个分水口所引出的流量Q_i，任意两个分水口之间的L_i段可看作输水渠道的测试段，利用公式（65）分段求解其净流量，推求过程如下：

渠首至第1个分水口的净流量为下一渠段的毛流量，其表达式为：

$$q_1 = \left(Q_\text{入}^m - \frac{mAL_1}{100}\right)^{\frac{1}{m}} \tag{68}$$

渠道第i段的毛流量（即引入流量）为上一渠段净流量与该出口引出流量之和，可表示为：

$$q_{i\,\text{毛}} = q_{i-1} - Q_{i-1} \tag{69}$$

渠道第i段的净流量表达式为：

$$q_i = \left(q_{i\,\text{毛}}^m - \frac{mAL_i}{100}\right)^{\frac{1}{m}} \tag{70}$$

则渠道输出流量可表述为：

$$Q_\text{出} = q_{n+1} \tag{71}$$

通过上述分析过程可见，以q_{n+1}等于$Q_\text{出}$作为求解的限定条件，经多次试算求解η值，当q_{n+1}等于$Q_\text{出}$时，试算结束，此刻η值便为所求渠道水利用效率的数值。

依据积分法推求渠道输水损失流量的公式及土壤透水参数的确定方法，即可推求渠道输水的损失量，再结合上述对输配水渠道的研究和流程（如图65所示），用Visual Basic高级语言编制计算机程序见图66，根据典型渠道的基本数据便可计算其渠道水利用效率。

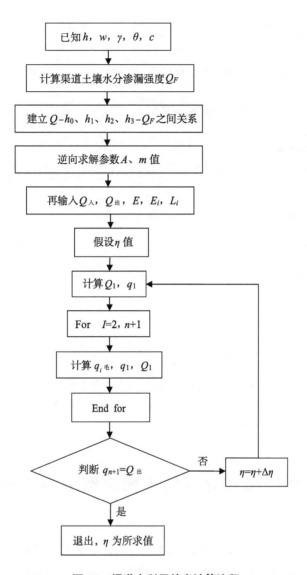

图 65　渠道水利用效率计算流程

Fig.65　Flow chart of channel water utilization efficiency calculation

图 66　渠道水利用效率计算软件主界面

Fig.66　The main interface of channel water utilization efficiency calculation software

7.3　程序化计算渠道水利用效率的实例应用

　　本节选取河套灌区永济灌域内典型斗渠、农渠研究渠道水利用效率，由于田间渠道设计引水流量较小，输水距离较短，受下级渠道运行的影响较大，用流量法或水量法测定渠道水分渗漏强度难度较大，且精度较低。因此，为了准确地确定田间斗渠、农渠的渗漏损失量，本研究针对典型渠道采用静水试验法测定渠道水分渗漏强度，以此对本书提出的计算方法进行实例应用并加以验证。

7.3.1　渠道基本概况

　　试验渠道选自永济灌域研究区内永刚分干渠下的具有隶属关系的公安斗渠和左四农渠，其中公安斗渠自永刚分干渠末引水，该渠道长度为2.94 km，渠道设计流量0.59 m³/s，渠道断面形式为梯形结构，控制灌溉面积为3 849亩，其中包含农渠12

条，毛渠96条。

左四农渠长度为700 m，该渠道分7渠段单元，每段长度为100 m，采用轮灌方式进行灌溉，设置2组灌水方式，分别为前4段和后3段两组，先灌溉后3段，再灌溉前4段，渠道设计流量为0.17 m³/s，控制有效灌溉面积为365亩。

具体渠道水力要素情况见表37，土壤物理特性指标如表38所示。

表37 实例渠道水力要素

Table.37 Example channel hydraulic elements

渠道名称	设计流量（m³/s）	水深（m）	底宽（m）	边坡系数	比降	长度（m）
公安斗渠	0.59	0.85	1	1	1/4000	2935
左四农渠	0.17	0.54	0.3	1	1/2000	700

表38 实例渠道土壤物理特性指标

Table.38 Examples of soil physical characteristics of the channel

渠道名称	土壤颗粒分布（%）			土壤容重（g/cm³）	初始含水率（cm³/cm³）
	<0.005~1mm	0.002~0.005mm	<0.002mm		
公安斗渠	43.66	44.34	12.00	1.45	0.280
左四农渠	50.25	39.47	10.28	1.42	0.275

7.3.2 试验准备及方法

静水法试验依据《渠道防渗工程技术规范》SL18–91进行研究。试验渠段选择在渠道顺直、断面规则的段落。其中公安斗渠试验段选择在第一节制闸下20 m处；左四农渠试验段选择在引水口下10 m处。试验渠道的测试段长度均设置为30 m，上下平衡区长度设置为5 m，具体试验方法参见第2章，试验情况见图67。

静水法试验安排在公安斗渠第三轮放水灌溉前，事先完成典型试验渠道的选择和试验渠道打坝等准备工作。试验开始时，先从永刚分干渠放水到公安斗渠，然后用水泵抽水至各渠道的试验区、平衡区。试验渠道同时开展试验研究，均采用恒水位和动水位两种方法，获取两种试验条件下的渠道水分渗漏强度。

试验于6月16日第三轮放水前开始，于6月18日结束，历时50小时。

图 67　静水试验现场测试图

Fig.67　Static water test site drawing

7.3.3　渠道水分渗漏强度变化过程分析

图68和图69为斗渠、农渠实测渠道水分渗漏强度与渠道二维入渗参数的多因子数学模型计算值的对比成果，由图68和图69可见，渠道水分渗漏过程均呈现试验初期渗漏强度较大，此阶段土壤水分湿润锋行进路程短，水力梯度较大，故土壤水分入渗速率大，相同的时间间隔累积入渗量大。此阶段模型计算渗漏强度的平均值大于实测值的平均值，斗、农渠二者分别相差10.78%、14.02%；随着时间的推移，土壤水分渗漏强度呈逐渐减小的变化趋势，一定时间后趋于稳定，主要原因为随着土壤水分在土体内湿润范围的扩大，水力梯度逐渐减小至稳定，土体含水率趋于饱和状态，故一定时间后，渠道土壤水分渗漏强度趋于定值，模拟稳定渗漏强度值大于实测值，公安斗渠二者相差10.27%、左四农渠相差9.55%。究其原因可能为实际渠道土体结构复杂多变，而模拟值的计算则采用将其土体指标平均化；再者试验过程受实验器材、测试工作等干扰，难免存在一定误差，但相比实测值，渠道二维入渗参数的多因子数学模型能够有效计算渠道土壤水分渗漏强度，误差基本在合理范围内。

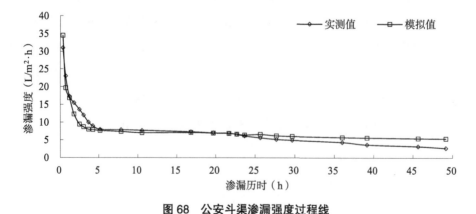

图 68　公安斗渠渗漏强度过程线

Fig.68　Police lateral canal leakage strength process line

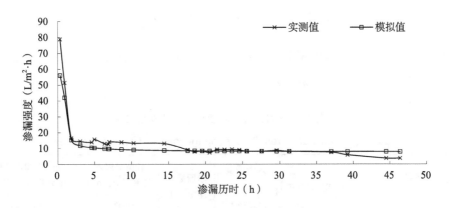

图 69 左四农渠渗漏强度过程线

Fig.69 The leakage strength process line of the left fourth sublateral canal

7.3.4 不同水深条件下土壤水分稳渗强度的变化

通过对比分析公安斗渠、左四农渠不同水深试验处理条件下稳渗强度的试验值和模拟值，随着渠道水深的增加，对应的稳渗强度则有不同程度的增强，其变化规律均可用线性函数关系所表述。其中公安斗渠分析结果表明：实测值的方程表达式为：$Q_{F1}=5.3586h-0.3518$（$R^2=0.9806$）；模拟值的方程表达式：$Q_{F2}=6.1292h-0.6009$（$R^2=0.9897$）。由图 70 可知，稳定入渗率的试验值与模拟值存在一定的差异，随着水深的增大，两者之间的误差值依次为 9.42%、9.61%、8.07%；左四农渠分析结果表明：实测值的方程表达式为：$Q_{F3}=5.0593h+4.2394$（$R^2=0.9854$）；模拟值的方程表达式：$Q_{F4}=4.0963h+5.3783$（$R^2=0.9984$），随着水深的增大，两者之间的误差值依次为 7.19%、6.66%、9.59%、9.95%。研究表明试验实测值与模拟值的差值基本在 10%允许误差范围内，表明试验所建立的多因子模型计算土壤水分稳定入渗强度可行，以此确定土壤透水参数的实测值和模拟值。

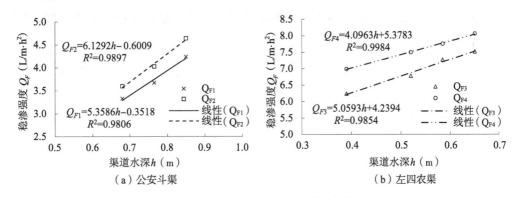

图 70 渠道水分稳定入渗强度对比值

Fig.70 The ratio of stable infiltration intensity of channel water

7.3.5　单位公里渠长渗水损失计算及回归分析

针对公安斗渠和左四农渠分别设定不同的渠道水深，计算单位公里渠长的渗漏损失量，具体计算过程及结果如表39所示。

表39　不同渠道水深渗水损失计算结果

Table.39　Calculation results of seepage loss in different channels

渠名	不同水头	水深（m）	湿周P（m）	入渗强度 Q_F（m/s）	净流量Q（m³/s）	1km渠渗水面积Am（m²） Am=B×X	1km不同水深稳渗水量S（m³/s） S=Q_F×Am
公安斗渠	H	0.85	3.40	2.28×10^{-6}	0.59	3.40×10^{3}	7.75×10^{-3}
	0.9H	0.77	3.16	1.66×10^{-6}	0.48	3.16×10^{3}	5.26×10^{-3}
	0.8H	0.68	2.92	8.78×10^{-7}	0.39	2.92×10^{3}	2.57×10^{-3}
左四农渠	H	0.65	1.77	3.58×10^{-6}	0.17	1.77×10^{3}	6.33×10^{-3}
	0.9H	0.59	1.63	2.58×10^{-6}	0.14	1.63×10^{3}	4.21×10^{-3}
	0.8H	0.52	1.50	2.22×10^{-6}	0.12	1.50×10^{3}	3.33×10^{-3}
	0.6H	0.39	1.24	1.34×10^{-6}	0.07	1.24×10^{3}	1.66×10^{-3}

图71为试验渠道的渠道流量与单位公里渠道渗漏损失流量的关系，由图71可见，随着水深的增加对应渠道流量增大，单位公里渠道渗漏损失流量相应的增大，公安斗渠随着渠道水深依次增幅为12.50%、11.11%，渠道流量依次增大25.34%、22.77%，则单位公里渗漏损失流量分别增大104.80%、47.54%，渠道流量与单位公里损失流量可用其幂函数进行表述，拟合方程为$S_1=0.0311Q^{2.5757}$（R^2=0.98）；左四农渠随着渠道水深依次增幅为33.33%、12.50%和11.11%，渠道流量依次增大62.17%、21.09%和18.41%，则单位公里渗漏损失流量分别增大100.04%、26.38%和50.40%；渠道流量与单位公里损失流量可用其幂函数进行表述，拟合方程为$S_2=0.0866Q^{1.5244}$（R^2=0.9869）。

利用最小二乘法拟合该线性方程，便可用a、b值通过下式计算出透水系数A和透水指数m值：$A=10^{2+a}$，$m=1-b$。

通过回归分析得到的a、b值：其中a=-1.5076，b=2.5757，再结合$A=10^{2+a}$，$m=1-b$方程，分析得到公安斗渠的土壤透水系数A= 3.1074，透水指数m= -1.5757，具体回归分析见图72（a）。

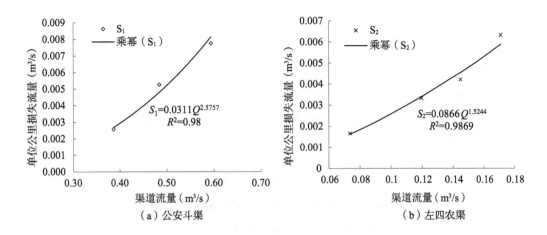

（a）公安斗渠　　　　　　　（b）左四农渠

图 71　渠道流量与损失流量的关系

Fig.71　The relationship between channel flow and lost flow

通过回归分析得到的 a、b 值，其中 $a=-1.0626$，$b=1.5244$，再结合 $A=10^{2+a}$，$m=1-b$ 方程，分析得到左四农渠的土壤透水系数 $A=8.6577$，透水指数 $m=-0.5244$，具体回归分析见图 72（b）。

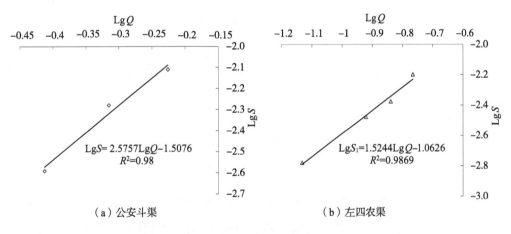

（a）公安斗渠　　　　　　　（b）左四农渠

图 72　LgQ–LgS 回归分析

Fig.72　LgQ–LgS regression analysis

7.3.6　渠道水利用效率的计算与验证

公安斗渠自永刚分干渠引水，渠道长度为 4 080 m，控制有效灌溉面积 3 849 亩，该斗渠下级渠道包括农渠 12 条，渠道总计长度为 7 363 m，毛渠为 96 条，具体渠道基本情况见表 40。

通过对典型斗、农渠道的静水法试验，确定不同试验条件下的稳定渗漏强度，根据土壤透水参数的确定方法，计算试验条件下的参数值；而依据Kostiakov-Lewis改进模型渠道水利用效率的计算方法，明确试验条件下的渠道水力要素和土壤物理特性指标，便可高效、快捷地计算其稳定渗漏强度。由上述分析可知，渠道水分稳定渗漏强度不同，对应的土壤透水参数会发生改变，本研究以静水试验测算稳定渗漏强度与模型计算两种方式研究渠道水利用效率，以此对Kostiakov-Lewis改进模型渠道水利用效率计算方法进行应用并验证，具体试验比较结果如下。

表40　公安斗渠基本概况

Table.40　General situation of Police lateral canal

上级渠道名称	渠道名称	上级渠道桩号	长度（m）	灌溉面积（亩）
公安斗渠	左一农渠	0+150	700	350
	右一农渠	0+100	400	280
	左二农渠	0+350	700	200
	右二农渠	0+400	650	500
	左三农渠	1+200	200	100
	右三农渠	1+150	700	300
	左四农渠	1+580	700	365
	右四农渠	1+580	680	361
	左五农渠	1+990	610	310
	右五农渠	2+030	673	327
	左六农渠	2+930	1 020	463
	右六农渠	2+930	330	293
合　计			7 363	3 849

公安斗渠的渠道水利用率的计算方法：通过静水法试验并结合积分法的Visual Basic程序编制软件进行计算实测值和Kostiakov-Lewis改进模型结合积分编程推求模拟值。公安斗渠开10个口，可分为10个渠段，采用轮灌方式灌溉，分2组灌水，每组5段，采用从后向前的轮灌方式，渠道设计流量0.59 m³/s。

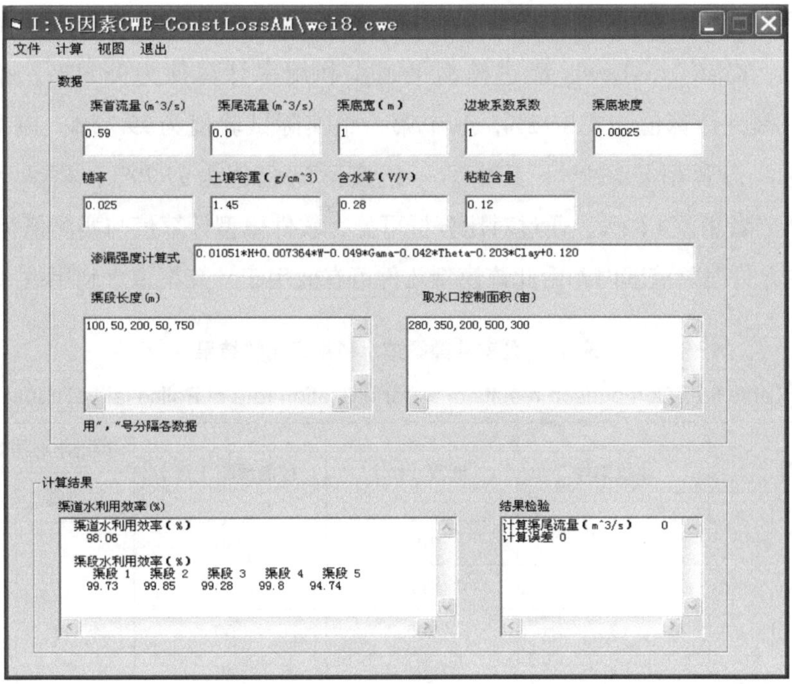

（a）第一组

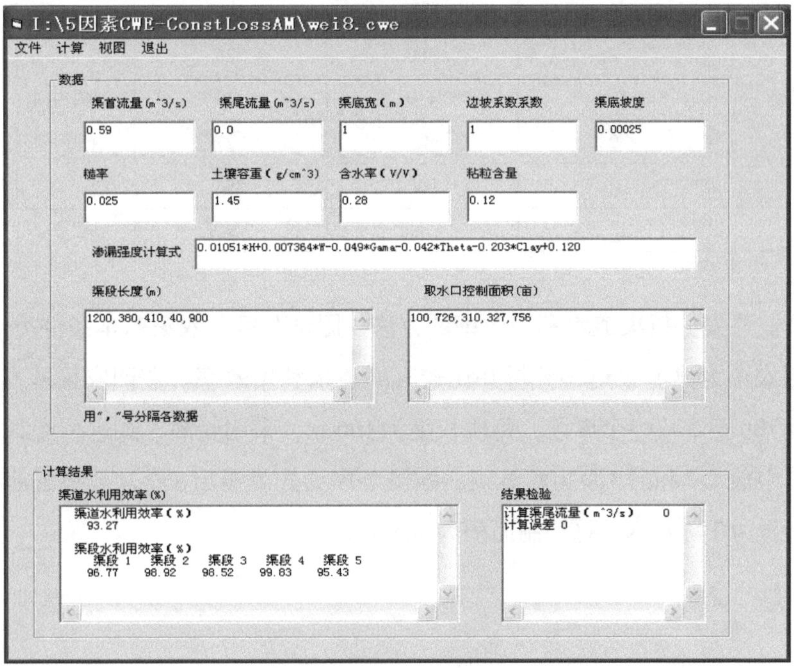

（b）第二组

图 73 软件计算公安斗渠渠道水利用效率值

Fig.73 The Police lateral canal software calculates the efficiency value

由表41可知,依据静水法试验实测资料并结合积分法推求的渠道水利用率为98.75%,Kostiakov-Lewis 改进模型渠道水利用率计算值为95.67%,相比试验实测值,模型计算值相差3.12%,其中第一组实际试验值为99.72%,模型计算值为98.06%,二者相差1.22%;其中第一组实际试验值为97.79%,模型计算值为93.27%,二者相差4.62%。通过对比分析可见,软件模型计算值与实测值相差在5%以下,在允许误差范围内,由此该模型软件可有效用于计算渠道水利用效率。

表41 公安斗渠渠道水利用率比较结果

Table.35 Comparison results of water utilization rate of Police lateral canal

组别	渠段编号	长度(m)	控制面积(亩)	渠道水利用效率(%)	
				试验值	模拟值
第一组	1	100	280	99.72	98.06
	2	50	350		
	3	200	200		
	4	50	500		
	5	750	300		
第二组	6	1200	100	97.79	93.27
	7	380	726		
	8	410	310		
	9	40	327		
	10	900	756		
合计		4 080	3 849	98.75	95.67

按公安斗渠分析渠道水利用效率的方法,因试验区各农渠基本条件类似,本研究以左四农渠为典型渠道,分析并比较其渠道水利用效率。左四农渠基本情况为:渠道长度700 m,分7个渠段,每段长度为100 m,采用轮灌方式进行灌溉,分2组灌水,其中前4段和后3段为灌溉组,灌溉顺序为先灌溉后3段,再灌溉前4段。渠道设计流量为0.17 m³/s,总控制面积为365亩。

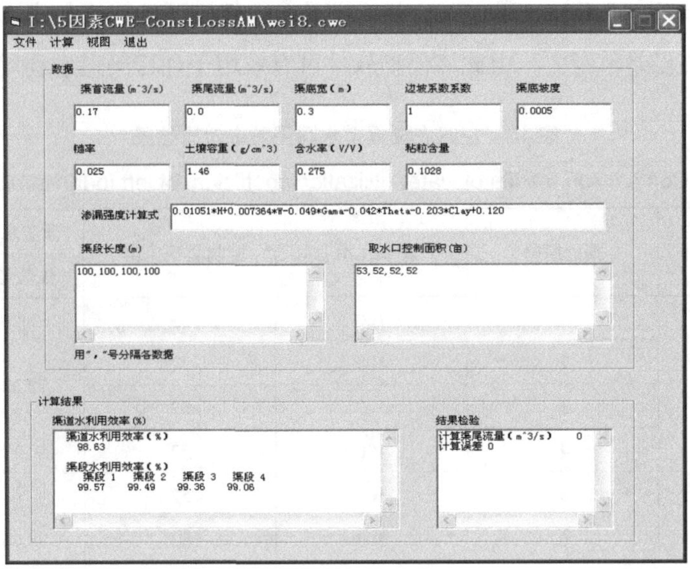

（a）第一组

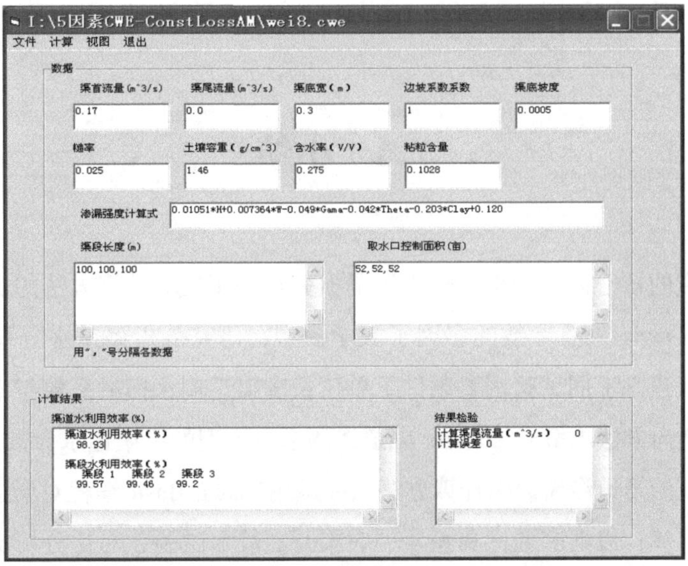

（b）第二组

图74 软件计算左四农渠渠道水利用效率值

Fig.74 Left fourth sublateral canal software calculation results

由表42可知，依据静水法试验实测资料并结合积分法推求的渠道水利用率为98.84%，Kostiakov-Lewis 改进模型渠道水利用率计算值为98.78%，相比试验实测值，模型计算值相差0.06%，其中第一组实际试验值为99.28%，模型计算值为98.63%，二者相差0.65%；其中第一组实际试验值为98.40%，模型计算值为

98.93%，二者相差0.54%。通过对比分析可见，软件模型计算值与实测值相差在5%以下，在允许误差范围内，由此该模型软件可有效用于计算渠道水利用效率。

表42　左四农渠渠道水利用效率对比结果

Table.42　Comparison results of water utilization coefficient of left fourth sublateral canal

组别	渠段编号	渠长（m）	控制面积（亩）	渠道水利用效率（%）	
				试验值	模拟值
第一组	1	100	53	99.28	98.63
	2	100	52		
	3	100	52		
	4	100	52		
第二组	5	100	52	98.40	98.93
	6	100	52		
	7	100	52		
合计		700	365	98.84	98.78

7.4　小结

本章研究的核心内容为渠道输水渗漏损失与利用效率计算方法的试验研究，依据Kostiakov-Lewis 入渗参数的多因子数学模型，研究分析渠道水分稳定渗漏强度的变化规律，建立不同试验因素条件下单位长度渠道输水损失系数与渠道流量的关系；再通过逆向方法求解Kostiakov 渠道渗漏损失模型的土壤透水参数 A 和 m，采用积分法得到新的渠道渗漏损失计算方法，并运用Visual Basic编程对渠道水利用效率进行程序化计算；以河套灌区典型斗、农渠开展静水试验，对比分析实测与模拟的渠道水稳定入渗强度，验证渠道水利用效率计算方法的可行性。

（1）以Kostiakov-Lewis 改进模型及明渠水流方程为基础，探明了单位长度渠道渗漏损失流量与渠道流量呈乘幂关系曲线，再针对Kostiakov渠道渗漏损失计算式做数学转型处理，利用最小二乘法拟合线性方程，通过逆向方法求解Kostiakov渠道渗漏损失模型的土壤透水参数。该方法有效克服大量试验困难及经验参数误差等不足，依据渠道实际情况，便可计算其参数值。

（2）依据渠道渗漏损失系数内土壤透水参数的逆向计算方法，在渠道设计或运行工况下考虑单位长度渠道损失系数沿程变化情况，采用积分法计算渠道水渗漏损失，形成新的渠道渗漏损失计算方法。针对正常运行的渠道而言，存在多个分水口，每个分水口有其对应的有效灌溉面积，依据渠道流量分配原则，并结合渠道渗漏损失计算方法，采用 Visual Basic 软件对其过程进行编程处理，开发相应的计算软件用以推算渠道水利用效率。

（3）以 Kostiakov-Lewis 改进模型渠道水利用效率计算方法为基础，针对公安斗渠及左四农渠分别开展了静水试验，对比分析了试验实测与模型计算的条件下渠道水渗漏强度变化的过程，渠道土壤水分渗漏强度随时间的推移均呈非稳定流的变化规律，其变化过程线基本吻合。对比分析渠道水稳定渗漏强度可知，试验实测值与模拟值的差值基本在 10% 允许误差范围内。验证分析了渠道水利用效率，通过对比可知软件模型计算值与实测值相差在 5% 以下，在允许误差范围内，以此表明该模型软件计算渠道水利用效率是可行的。

综上所述，以土壤水分入渗模型和渠道渗漏损失模型为研究基础，其模型参数均可用上述简便方法计算获得。积分法需确定模型参数及渠道毛流量，即可推求渠道渗漏损失量，结合编制的软件可计算渠道水利用效率，该思路和方法适用于评价多数灌区的渠道水利用效率。

8　结论与展望

8.1 主要结论

本书以内蒙古河套灌区节水改造工程和灌溉水利用效率测试分析工程为背景，通过渠道土壤水分入渗试验和理论分析，探明渠道土壤水分二维入渗特性及定性定量分析试验影响因素，建立了多因素条件下湿润体运移距离的预测模型，并以渠道断面的宽深比界定出水平向、垂直向运移距离的变化；确定了试验影响主导因子及土壤水分入渗模型；构建了渠道二维入渗模型参数与试验影响因素的数量关系，以此确定了渠道稳定渗漏强度的数学模型；结合明渠均匀流方程和Kostiakov渠道渗漏损失模型，建立了渠道输水损失系数与流量的关系；采用积分法得到新的渠道渗漏损失计算方法，并开发计算软件对渠道水利用效率进行程序化计算；针对典型斗、农渠道开展渠道水利用效率测算，并结合程序化计算渠道水利用效率的方法进行实例校验。本书的主要研究结果如下。

1.不同因素对渠道二维入渗特性影响及湿润体运移模型研究

渠道二维入渗特性研究结果：（1）土壤水分入渗初期，累积入渗量呈快速增加趋势，一定时间后线性增加。压力水头越小，累积入渗量越快进入线性增加阶段；相同入渗时间，累积入渗量随着压力水头的增大而增加，且稳定入渗率与压力水头呈线性变化。（2）当压力水头小于60 cm时，渠道土壤水分入渗主要通过垂直向渗入渠底土壤，侧向入渗水量相对较小。随着压力水头增大，渠底土壤入渗深度增加且更快达到稳定状态。渠道底部土壤含水量随时间的变化范围小，距离渠道中心0.5 m处土壤含水量随时间变化最剧烈，随着距离渠道中心距离越远，土壤含水率变化范围逐渐减小。

不同影响因素对渠道土壤水分入渗累积入渗量的研究：（1）随着土壤粘粒含量的增多，土壤内部贮存孔隙会增多，比表面积增大，吸附能力越强，故其持水能力越强；（2）随土壤容重的减小，土壤团粒结构越明显，土壤变得疏松、孔隙增大，从而导致水分入渗能力增强，故累积入渗量相应增大；（3）随着土壤初始含水量增加，土壤基质势减小，水分累积入渗量降低；（4）渠道水深的变化不仅改变入渗湿润周，而且土水势会发生改变，故累积入渗量随着渠道水深的增加而增加；（5）随着渠道底宽的增加，水分入渗界面的湿周增大，累积入渗量的变化为增大的趋势；（6）累积入渗量随着边坡系数的增加而增大的变化趋势，且变化幅度相对较小。

渠道二维入渗多因素湿润体运移距离模型的构建：通过单因素变量逐一分析，得到渠道水深h、底宽w、边坡系数m、土壤粘粒含量c、土壤容重γ及初始含水量θ与运移距离模型参数A均存在良好的线性相关关系。以上述影响因子与模型参数A的关系为基础，建立了多因素条件下湿润体运移距离的预测模型，并以渠道断面的宽深比$\alpha=0.914$界定出水平向、垂直向运移距离的变化。

2. 应用HYDRUS-2D模型模拟土壤水分运动过程的可行性研究

基于HYDRUS-2D模型渠道土壤水分渗漏数值模拟，结果表明，试验值和模拟值的平均绝对误差MAE平均值1.275 6 cm，整群剩余系数CRM平均值0.047 3 cm，均方根误差$RMSE$的值1.411 7 cm，R^2的值在0.990 8 ~ 0.998 3之间变化，模拟效果良好。结合试验实测值和模拟值的变化规律整体基本吻合，且评价统计指标良好，表明所选定的土壤水分运动方程合理，可用于描述试验条件下的土壤水分运动过程，研究渠道渗漏评价入渗速率和累积入渗量是可行的。

3. 渠道土壤水分入渗的影响因子优化及模型确认

采用通径分析的方法对试验因素进行显著性评价，结果表明：边坡系数对累积入渗量的影响不显著，剔除边坡系数这一影响因素。渠道水深、土壤容重、渠道底宽、初始含水量和土壤粘粒含量对累积入渗量的总作用分别为0.770 1、–0.995 2、0.756 5、–0.213 8和–1.045 6；书中所涉及的试验主导因素对土壤水分入渗过程中累积入渗量的影响程度依次为：土壤粘粒含量 > 土壤容重 > 渠道水深 > 渠道底宽 > 初始含水量。

通过试验比对分析拟合数据与实测数据得到Kostiakov-Lewis模型的误差相对最小，Kostiakov-Lewis模型能够更好地模拟试验条件下土壤水分入渗过程。

4. 渠道二维入渗参数的多因子数学模型构建及验证应用

研究确定土壤水分入渗模型中入渗参数K、a和i_c与渠道水深h、底宽w、土壤粘粒含量c、容重γ及初始含水量θ均呈线性相关关系，且拟合度较高；结合Excel和SPSS软件对模型参数K、a和f_0与试验影响因素进行多元回归分析，以此确定模型参数K、a和f_0均可由试验因素h、w、γ、θ和c所简化表述，即得到Kostiakov-Lewis入渗参数的多因子数学模型。

以Kostiakov-Lewis入渗参数的多因子数学模型为基础，应用分析并验证土壤水分入渗过程的稳定入渗强度及累积入渗量，结果表明，不同试验因素条件下土壤水分入渗速率均呈非稳定流的变化规律，以幂函数形式表述其变化过程，且拟合参数及试验因素呈线性相关关系。而稳定入渗速率试验值与模型计算值的误差基本在允许范围内；模拟试验累积入渗量与模型计算值的变化规律基本吻合，且两组数据的统计学指标值均较小，该模型计算精度良好，Kostiakov-Lewis入渗参数的多因子数学模型用以计算土壤水分入渗的入渗速率及累积入渗量是可行的，且模型合理可靠。

5. 基于渠道水利用效率计算方法的软件开发与实例应用

以Kostiakov-Lewis入渗参数的多因子数学模型及明渠水流方程为研究基础，探明了单位长度渠道渗漏损失流量与渠道流量呈乘幂关系曲线，再针对Kostiakov渠道渗漏损失计算式做数学转型处理，利用最小二乘法拟合线性方程，通过逆向方法求解Kostiakov渠道渗漏损失模型的土壤透水参数。依据渠道渗漏损失系数内土壤透水参数的逆向计算方法，在渠道设计或运行工况下考虑单位长度渠道损失系数沿程变化情况，采用积分法计算渠道水渗漏损失，形成新的渠道渗漏损失计算方法；针对正常运行的渠道而言，存在多个分水口，每个分水口有其对应的有效灌溉面积，依据渠道流量分配原则，并结合渠道渗漏损失计算方法，采用Visual Basic软件对其过程进行编程处理，开发相应的计算软件用于推算渠道水利用效率。

针对公安斗渠及左四农渠分别开展了静水试验，对比分析了试验实测与模型计算的条件下渠道水渗漏强度变化的过程，渠道土壤水分渗漏强度随时间的推移均呈非稳定流的变化规律，其变化过程线基本吻合；对比分析渠道水稳定渗漏强度可知，试验实测值与模拟值的差值基本在10%允许误差范围内；验证分析了渠道水利用效率，通过对比可知软件模型计算值与实测值相差在5%以下，在允许误差范围内，表明该模型软件计算渠道水利用效率是可行的。

综上所述，以土壤水分入渗模型和渠道渗漏损失模型为研究基础，其模型参数均可用上述简便方法计算获得；积分法需确定模型参数及渠道毛流量，即可推求渠道渗漏损失量，结合编制的软件可计算渠道水利用效率，该思路和方法适用于评价多数灌区的渠道水利用效率。

8.2 主要创新点

本书以土壤水分入渗模型和渠道渗漏损失模型为研究基础，针对模型参数取值和估算在解决实际水利工程的难点，探究求解其模型参数准确、高效、简便的计算方法，从而改进计算渠道水渗漏及水分利用效率的方法。

（1）通过分析不同因素条件下渠道二维入渗特性，初步提出了以渠道断面的宽深比 $\alpha=0.914$ 为水平向和垂直向湿润体运移的临界值，并建立了渠道二维入渗的多参数湿润体运移距离模型。

（2）探寻土壤物理指标及渠道水力要素等诸多因子对渠道二维入渗参数的影响及其变化规律，依据数理统计理论确定土壤水分入渗模型及主导影响因子，以此建立渠道二维入渗参数的多因子数学模型。

（3）基于渠道二维入渗参数的多因子数学模型、明渠水流方程和 Kostiakov 渠道渗漏损失模型，建立了单位长度渠道损失系数与渠道流量的数量关系，通过逆向求解的方法，提出渠道渗漏损失模型中土壤透水系数和指数的简便算法。

8.3 不足与展望

本书在有限的时间和条件下初步提出了作者的一些观点，研究工作仍有待于进一步深入和完善，对于一些不同观点和认识也有待于继续探讨和发现。恳切希望各位前辈、专家和同行提出宝贵意见和建议。

（1）由于室内模拟试验和 HYDRUS-2D 软件模拟试验均在理想条件下开展研究，结果受试验装置、土壤均一性和软件等客观条件的限制，研究成果与实际情况难免存在一些差异，今后应结合实际渠道大量深入开展此项试验，提出精度更高、适用性更强的方法。

（2）受时间和工作量所限，今后应开展基于非均质土、层状土等复杂条件的土壤类型的研究，再者地下水位对渠道土壤水分渗漏也有一定的影响，因此需要考虑其因素进一步完善研究成果。

（3）本书所提出的计算模型及软件，主要以田间渠道斗、农渠为例开展试验研究，而对于计算骨干渠道水渗漏及利用效率有待于检验并开拓适用范围更广的计算方法，目前对这些问题尚未进行系统研究，需要进一步研究。

参考文献

[1] 郭元裕.农田水利学[M].北京：中国水利水电出版社，1997.

[2] 山仑，吴普特，康绍忠，等.黄淮海地区农业节水对策及实施半旱地农业可行性研究[J].中国工程科学，2011，13（4）：37–42.

[3] 罗玉峰，崔远来.河渠渗漏量计算方法研究进展[J].水科学进展，2005（3）：444–449.

[4] 雷波.农业水资源效用评价研究[D].北京：中国农业科学院，2010.

[5] 张蔚榛.地下水与土壤水动力学[M].北京：中国水利水电出版社，1996.

[6] 雷志栋，杨诗秀，谢森传.土壤水动力学[M].北京：清华大学出版社，1988.

[7] 王小东，贺永会，鄢俊，等.渠道渗漏成因和修复技术进展[J].岩土工程学报，2016，38（S1）：21–24.

[8] 白美健，许迪，蔡林根，等.黄河下游引黄灌区渠道水利用系数估算方法[J].农业工程学报，2003（3）：80–84.

[9] 金永堂.渠道渗漏量计算与实验方法[R].北京：中国水利水电科学研究院，1986.

[10] KOSTIAKOV A N. On the dynamics of the coefficient of water percolation in soils and on the necessity of studying it from a dynamic point of view for the purposes of amelioration[J]. Soil Science, 1932, 97（1）: 17–21.

[11] GHOSH R K. A note on Lewis-Kostiakov's infiltration equation[J]. Soil Science, 1985, 139（3）: 193–196.

[12] NUNZIO R, MARIO P. Prediction of soil water retention using soil physical data and terrain attributes[J]. Journal of Hydrology, 2002, 265: 56–75.

[13] PHILIP J R. The theory of infiltration[J]. Soil Science, 1957, 83（5）: 345–357.

[14] HORTON R. An approach toward a physical interpretation of infiltration-capacity[J]. Soil Science Society America Proceedings, 1940（3）: 399–417.

[15] GREEN W H, AMPT G A. Studies on soil physics: The flow of air and water through soils[J]. Journal of Agricultural Science, 1911, 4（1）: 1–24.

[16] 冯锦萍.区域尺度上土壤入渗模型特征参数传输函数的研究[D].太原：太原理工大学，2017.

[17] BHARATI L, LEE K H, ISENHART T M. Soil water infiltration under crops,

pasture, and established riparian buffer in Midwestern USA[J]. Agroforestry Systems, 2002, 56: 249–257.

[18] 蔡守华, 张展羽, 张德强. 修正灌溉水利用效率指标体系的研究[J]. 水利学报, 2004(5): 111–115.

[19] 郭向红, 孙西欢, 马娟娟, 等. 不同入渗水头条件下的 Green-Ampt 模型[J]. 农业工程学报, 2010, 26(3): 64–68.

[20] 马娟娟, 孙西欢, 李占斌. 入渗水头对土壤水平一维入渗影响初探[J]. 水土保持通报, 2005, 25(2): 20–22, 26.

[21] 李红星, 樊贵盛. 基于点入渗参数计算土质渠床自由渗漏损失的方法[J]. 水科学进展, 2010, 21(3): 321–326.

[22] 陈永宝, 胡顺军, 罗毅, 等. 不同入渗水头条件下壤砂土的一维垂直入渗特性[J]. 干旱区地理, 2014, 37(4): 713–719.

[23] 范严伟, 赵文举, 王昱. 入渗水头对垂直一维入渗 Philip 模型参数的影响[J]. 兰州理工大学学报, 2015, 41(1): 65–70.

[24] 王锐, 孙西欢. 不同入渗水头条件下土壤水分运动数值模拟[J]. 农业机械学报, 2011, 42(9): 45–49.

[25] 张金丁. 基于有压入渗的渠道渗漏数值模拟及入渗模型参数预报方法[D]. 呼和浩特: 内蒙古农业大学, 2019.

[26] 刘宣仁, 路京选. 沟灌二维入渗条件下累计入渗量变化规律的研究[J]. 水利学报, 1989(4): 11–21.

[27] 张新燕, 蔡焕杰, 王健. 沟灌二维入渗影响因素实验研究[J]. 农业工程学报, 2005, 21(9): 38–41.

[28] 马东豪, 王全九, 郭太龙. 根据水流推进过程预测 Horton 入渗公式参数和田面平均糙率系数[J]. 农业工程学报, 2005, 21(12): 52–54.

[29] WALKER W R. Multi-level calibration of furrow infiltration and roughness[J]. Journal of Irrigation and Drainage Engineering, ASCE, 2005, 131(2): 129–135.

[30] HELALIA A M. The relation between soil infiltration and effective porosity in different soils[J]. Agricultural Water Management, 1993, 24: 39–47.

[31] SEPASKHAH A R, AFSHAR-CHAMANABAD H. Soil and Water: Determination of infiltration rate for every-other furrow irrigation [J]. Biosystems Engineering, 2002, 82(4): 479–484.

[32] 李卓, 吴普特, 冯浩, 等. 容重对土壤水分入渗能力影响模拟试验[J]. 农业工程学报, 2009, 25（6）: 40–45.

[33] 武雯昱. 基于Kostiakov-Lewis入渗模型参数的BP预报模型研究[D]. 太原: 太原理工大学, 2016.

[34] 吴发启, 赵西宁, 佘雕. 坡耕地土壤水分入渗影响因素分析[J]. 水土保持通报, 2003（1）: 16–18, 78.

[35] 王国梁, 刘国彬, 周生路. 黄土丘陵沟壑区小流域植被恢复对土壤稳定入渗的影响[J]. 自然资源学报, 2003（5）: 529–535.

[36] 解文艳, 樊贵盛. 土壤质地对土壤入渗能力的影响[J]. 太原理工大学学报, 2004, 35（5）: 537–540.

[37] 李广文. 黑河上游八宝河流域土壤特性及入渗模拟研究[D]. 西安: 陕西师范大学, 2016.

[38] 李卓, 吴普特, 冯浩, 等. 不同粘粒含量土壤水分入渗能力模拟试验研究[J]. 干旱地区农业研究, 2009, 27（3）: 71–77.

[39] 党宏宇, 陈洪松, 邵明安. 喀斯特地区不同层次土石混合介质对土壤水分入渗过程的影响[J]. 农业工程学报, 2012, 28（8）: 38–43.

[40] WAHL N A, BENS O, SCHAFER B, et al. Impact of changes in land-use management on soil hydraulic properties: hydraulic conductivity, water repellency and water retention[J]. Physics and Chemistry of the Earth. Parts A/B/C, 2003, 28（33–36）: 1377–1387.

[41] STOLTE J, VAN VENROOIJ B, ZHANG G, et al. Land-use induced spatial heterogeneity of soil hydraulic properties on the Loess Plateau in China[J]. Catena, 2003, 54: 59–75.

[42] 卢敬华, 陈伟. 植被覆盖与土壤水分的动力学模型[J]. 成都气象学院学报, 1998, 13（3）: 209–216.

[43] ABID M, LAL R. Tillage and drainage impact on soil quality: II. Tensile strength of aggregates, moisture retention and water infiltration[J]. Soil and Tillage Research, 2009, 103（2）: 364–372.

[44] PHILIP J R. The theory of infiltration: 5. The influence of initial moisture content[J]. Soil Science, 1957, 84: 329–339.

[45] NIU W Q, FAN X K, ZHOU X B, et al. Effect of initial water con-tent on soil

infiltration characteristics during bubble irrigation[J]. Journal of Drainage and Irrigation Machinery Engineering, 2012, 30（4）: 491–496.

[46] 刘目兴, 聂艳, 于婧. 不同初始含水率下粘质土壤的入渗过程[J]. 生态学报, 2012, 32（3）: 871–878.

[47] 张建丰, 帖西宁, 杨潇, 等. 土壤初始含水率对深层坑渗灌入渗特性的影响[J]. 中国农业大学学报, 2013, 18（5）: 44–50.

[48] 陈洪松, 邵明安, 王克林. 土壤初始含水率对坡面降雨入渗及土壤水分再分布的影响[J]. 农业工程学报, 2006, 22（1）: 44–47.

[49] 康金林, 杨洁, 刘窑军, 等. 初始含水率及容重影响下红壤水分入渗规律[J]. 水土保持学报, 2016, 30（1）: 122–126.

[50] MOGHAZI H E M, ISMAIL E S. A study of losses from field channels under arid region conditions [J]. Irrigation Science, 1997, 17（3）: 105–110.

[51] IQBAL Z, MACLCAN R T, TAYLOR B D, et al. Seepage losses from irrigation canals in southern Alberta [J]. Canadian Bio systems Engineering, 2002, 44（1）: 21–27.

[52] 田士豪, 李林荣, 方彦军. 静水法渠道测渗计算[J]. 农田水利与小水电, 1995（8）: 14–17.

[53] 赵东辉. 静水法渠道渗漏测试分析[J]. 防渗技术, 1997, 3（2）: 17–20.

[54] 王少丽, Thielen R, 李祥福, 等. 渠道渗漏量的试验及分析方法[J]. 灌溉排水, 1998（2）: 39–42.

[55] KRISTOPH D, MATTHEW M, RAMCHAND O, et al. Using an ADCP to determine canal seep-age in an irrigation district [J]. Agricultural Water Management, 2010, 97（6）: 801–810.

[56] MARTIN C, GATES T. Uncertainty of canal seepage losses estimated using flowing water balance with acoustic Doppler devices [J]. Journal of Hydrology, 2014, 517: 746–761.

[57] RANTZ S E. Measurement and computation of streamflow, Measurement of stage and discharge[C]. Geological Survey WaterSupply, 1982, 1: 284.

[58] 荣丰涛, 孟国霞, 荣榕. 关于渠道动水法测渗结果可信度的思考[J]. 中国农村水利水电, 2003（3）: 28–30.

[59] 门宝辉. 渠道流量损失及水利用系数公式的探讨[J]. 中国农村水利水电, 2000

（2）：33-34.

[60] 白美健，谢崇宝. 渠道输水损失计算公式中用平均流量代替净流量的误差分析[J]. 中国农村水利水电，2001（6）：33-34.

[61] 谢崇宝，Lance J M，崔远来，等. 大中型灌区干渠输配水渗漏损失经验公式探讨[J]. 中国农村水利水电，2003（2）：20-22.

[62] 雷声隆，罗强，张瑜芳，等. 防渗渠道输水损失的估算[J]. 灌溉排水学报，2003，22（6）：7-10.

[63] ERNST L F. The Calculation of Ground Water Flow Between Parallel Open Conduits[A]. Proc. and Information, Committee for Hydrological Res. TNO, 1963, 8：48-68.

[64] 薛禹群. 地下水动力学原理[M]. 北京：地质出版社，1986.

[65] 张蔚榛，张瑜芳. 河渠影响下双层结构含水层中地下水非稳定流计算（双层结构含水层情况）[J]. 武汉水利电力学院学报，1981（4）：15-39.

[66] 杨红娟，倪广恒，胡和平. 渠道渗漏的数值模拟分析[J]. 中国农村水利水电，2005（8）：4-5.

[67] 李红星. 基于点入渗参数计算土渠床渗漏损失的方法研究[D]. 太原：太原理工大学，2010.

[68] ZHANG Q Q, CHAI J R. Investigation of Irrigation Canal Seepage Losses through Use of Four Different Methods in Hetao Irrigation District, China[J]. Journal of Hydrologic Engineering. 2017, 22（3）：1364-1372.

[69] SHAIKH I, LEE T. Estimating Earthen Tertiary Water Channel Seepage Losses as a Function of Soil Texture[J]. Journal of Hydrologic Engineer-ing, 2016, 21（2）：1943-1951.

[70] 克拉茨. 灌溉渠道衬砌[M]. 何丕承，译. 北京：水利出版社，1980.

[71] SIMUNEK J, VAN GENUCHTEN M T, SEJNA M. The HYDRUS-2D software package for simulating the two-dimensional movement of water, heat, and multiple solutes in variably-saturated media[M]. Prague, Czech Republic：US Salinity Laboratory, Agricultural Research Service, US Department of Agriculture, 1999.

[72] ZHANG Y Y, WU P T, ZHAO X N, et al. Simulation of soil water dynamics for uncropped ridges and furrows under irrigation conditions [J]. Canadian Journal of Soil Science, 2013, 93（1）：85-98.

[73] SKAGGS T H, TROUT T J, IMNEK J, et al. Comparison of HYDRUS–2D simulations of drip irrigation with experimental observations[J]. Journal of Irrigation and Drainage Engineering. 2004, 130（4）: 304–310.

[74] 王小芳. 斥水性土壤中水分运动规律的数值模拟[D]. 咸阳：西北农林科技大学，2019.

[75] 姚毓香. 深松耕土壤水分入渗数值模拟及试验研究[D]. 咸阳：西北农林科技大学，2019.

[76] COLMAN E A, BODMAN G B. Moisture and Energy Conditions during Downward Entry of Water into Moist and Layered Soils[J]. Soil Proceeding of soil Sci. Soc. Am., 1945, 9: 3–11.

[77] HELALIA A M. The relation between soil infiltration and effective porosity in different soils [J]. Agricultural Water Management, 1993, 24（1）: 39–47.

[78] 辛琛，王全九，马东豪，等. 用Hydrus–1D软件推求土壤水力参数[C]//中国土壤学会. 第九届中国青年土壤科学工作者学术讨论会暨第四届中国青年植物营养与肥料科学工作者学术讨论会论文集，中国土壤学会，2004: 4.

[79] 范严伟，黄宁，马孝义. 应用HYDRUS–1D模拟砂质夹层土壤入渗特性[J]. 土壤，2016, 48（1）: 193–200.

[80] 孙增慧，张扬，王欢元. 基于HYDRUS–1D模型的土壤容重对水分入渗影响的研究[J]. 西部大开发（土地开发工程研究），2017, 2（7）: 20–27.

[81] 马欢，杨大文，雷慧闽. Hydrus–1D模型在田间水循环规律分析中的应用及改进[J]. 农业工程学报，2011, 27（3）: 6–12.

[82] PHOGAT V, MALIK R S, KUMAR S. Modelling the effect of canal bed elevation on seepage and water table rise in a sand box filled with loamy soil[J]. Irrigation Science, 2009, 27（3）: 191–200.

[83] 孙美. 渠道渗漏室内试验土壤水分运动数值模拟[C]//中国农业工程学会. 纪念中国农业工程学会成立30周年暨中国农业工程学会2009年学术年会（CSAE 2009）论文集. 中国农业工程学会：中国农业工程学会，2009: 1246–1251.

[84] 付强，李玥，李天霄，等. 渠道渗漏HYDRUS模拟验证及影响因素分析[J]. 农业工程学报，2017, 33（16）: 112–118.

[85] 孙美，毛晓敏，陈剑，等. 夹砂层状土条件下渠道渗漏的室内试验和数值模拟[J]. 农业工程学报，2010, 26（8）: 33–38.

[86] 毛晓敏，姚立强，冯绍元，等. 层状土条件下混凝土衬砌渠道渗漏及土壤水分分布的数值模拟[J]. 水利学报，2011，42（8）：949–955.

[87] 张茂堂. 渠道水有效利用系数测试研究[C]//云南省水利学会. 云南省水利学会2018年度学术交流会论文集. 云南省水利学会：云南省科学技术协会，2018：299–304.

[88] 杨玲玲，李俊青. Louck 多项式，Hermite 多项式和调和振子（英文）[J]. 南开大学学报（自然科学版），2010（6）：70–76.

[89] CHENTSOV A A, CHENTSOV A G. Route optimization by a dynamic programming technique[J]. Autom. Remote Control，1998，59（9）：1299–1307.

[90] YOUSRY M G. Design and analysis of a canal section for minimum water loss[J]. Alexandria Engineering Journal，2011，50（4）：337–344.

[91] ADARSH S. Modeling parametric uncertainty in optimal open channel design using FORM-PGSL coupled approach[J]. Stochastic Environmental Research and Risk Assessment，2011，26（5）：709–720.

[92] SOPHOCLEOUS M, PERKINS S P. Methodology and application of combined watershed and ground-water models in Kansas[J]. Journal of Hydrology，2000，236（3）：185–201.

[93] SECKLER D W. The new era of water resources management：From dry to wet water savings[R]. Colombo：Iwmi, Sri Lanka，1996：17.

[94] 封志明，郑海霞，刘宝勤. 基于遗传投影寻踪模型的农业水资源利用效率综合评价[J]. 农业工程学报，2005，21（3）：66–70.

[95] 杨晓. 河套灌区渠系水利用效率评价与节水潜力评估[D]. 呼和浩特：内蒙古农业大学，2015.

[96] 屈忠义，杨晓，黄永江，等. 基于Horton分形的河套灌区渠系水利用效率分析[J]. 农业工程学报，2015，31（13）：120–127.

[97] 刘巍. 黑龙江省灌溉水利用效率时空分异规律及节水潜力研究[D]. 哈尔滨：东北农业大学，2017.

[98] 张勇勇. 垄沟灌溉土壤水分入渗模拟研究[D]. 北京：中国科学院研究生院（教育部水土保持与生态环境研究中心），2013.

[99] 聂卫波，马孝义，王术礼. 沟灌土壤水分运动数值模拟与入渗模型[J]. 水科学进展，2009，20（5）：668–676.

[100] 李玥. 基于HYDRUS的渠道渗漏室内试验数值模拟及入渗模型建立[D]. 哈尔滨：东北农业大学，2018.

[101] 郭历华. 渠道防渗衬砌相关技术及其应用[J]. 水利科技与经济，2014，20（4）：146-147.

[102] 李安国，建功，曲强. 渠道防渗工程技术[M]. 北京：中国水利水电出版社，1998：10-15.

[103] BOHE K, ROTH C, LEIY F J, et al. Rapid method for estimating the unsaturated hydraulic conductivity from infiltration measurements[J]. Soil Science, 1993, 155: 237-244.

[104] THYAGARAJ T, RAO S M. Influence of osmotic suction on the soil-water characteri-stic curves of compacted expansive clay[J]. Journal of Geotechnical and Geoenvironmental Engineering, 2010, 136(12): 1695-1702.

[105] SAXTON K E, RAWLS W J. Soil water characteristic estimates by texture and organic matter for hydrologic solutions[J]. Soil Science Society of America Journal, 2006, 70(5): 1569-1578.

[106] 范军亮，张富仓. 用垂直入渗法推求Gardner-Russo模型参数[J]. 水利学报，2010，41（11）：1367-1373.

[107] 王灿，李志刚，祖超，等. 土地利用和初始含水量对琼东南黄色砖红壤水分入渗的影响[J]. 热带作物学报，2017，38（5）：811-816.

[108] 陈洪松，邵明安，王克林. 土壤初始含水率对坡面降雨入渗及土壤水分再分布的影响[J]. 农业工程学报，2006，22（1）：44-47.

[109] 康金林，杨洁，刘窑军，等. 初始含水率及容重影响下红壤水分入渗规律[J]. 水土保持学报，2016，30（1）：122-126.

[110] 王全九，叶海燕，史晓南，等. 土壤初始含水量对微咸水入渗特征影响[J]. 水土保持学报，2004，18（1）：51-53.

[111] 范云涛，雷廷武，蔡强国. 湿润速度和累积降雨对土壤表面结皮发育的影响[J]. 土壤学报，2009，46（5）：764-771.

[112] 刘风华，代智光，费良军. 容重对红壤条件下涌泉根灌水分入渗能力影响[J]. 水土保持学报，2019，33（1）：86-90，97.

[113] MA W M, LI Z W, DING K Y, et al. Effect of soil erosion on dissolved organic carbon redistribution in subtropical red soil under rainfall simulation[J].

Geomorphology, 2014, 226: 217–225.

[114] LIN C W, TU S H, HUANG J J, et al. The effect of plant hedgerows on the spatial distribution of soil erosion and soil fertility on sloping farmland in the purple-soil area of China[J]. Soil&Tillage Research, 2009, 105（2）: 307–312.

[115] 贾松伟. 黄土丘陵区不同坡度下土壤有机碳流失规律研究[J]. 水土保持研究, 2009, 16（2）: 30–33.

[116] 王文欣, 庄义琳, 庄家尧, 等. 不同降雨强度下坡地覆盖对土壤有机碳流失的影响[J]. 水土保持学报, 2013, 27（4）: 62–66.

[117] 聂小东, 李忠武, 王晓燕, 等. 雨强对红壤坡耕地泥沙流失及有机碳富集的影响规律研究[J]. 土壤学报, 2013, 50（5）: 900–908.

[118] 马履一, 王勇, 翟明普. 京西山地棕壤和淋溶褐土饱和导水率的分析[J]. 林业科学, 1999, 35（3）: 109–112.

[119] 王国梁, 刘国彬, 周生路. 黄土丘陵沟壑区小流域植被恢复对土壤稳定入渗的影响[J]. 自然资源学报, 2003, 18（5）: 529–535.

[120] 费良军, 谭奇林, 王文焰, 等. 充分供水条件下点源入渗特性及其影响因素[J]. 土壤侵蚀与水土保持学报, 1999, 5（2）: 70–74.

[121] STRELKOFF T, SOUZA F. Modeling effect of depth on furrow infiltration [J]. Journal of Irrigation and Drainage Engineering, 1984, 110（4）: 375–387.

[122] IZADI B, WALLENDER W W. Furrow hydraulic characteristics and infiltration [J]. Transactions of the ASABE, 1985, 28（6）: 1901–1908.

[123] ABBASI F, ADAMSEN F J, HUNSAKER D J, et al. Effects of flow depth on water flow and solute transport in furrow irrigation: Field data analysis [J]. Journal of Irrigation and Drainage Engineering, 2003, 129（4）: 237–246.

[124] RICHARDS L A. Capillary conduction of liquids through porous mediums[J]. Journal of Applied Physics, 1931, 1（5）: 318–333.

[125] 查元源. 饱和–非饱和水流运动高效数值算法研究及应用[D]. 武汉: 武汉大学, 2014.

[126] 张吉孝, 张新民, 刘久如, 等. 用HYDRUS–2D和RETC数值模型反推土壤水力参数的特点分析[J]. 甘肃农业大学学报, 2013, 48（5）: 161–166.

[127] VAN G M T. A closed-form equation for predicting the hydraulic conductivity of unsaturated soils[J]. Soil Science Society of America Journal, 1980, 44（5）: 892–898.

[128] 魏义长，刘作新，康玲玲. 辽西淋溶褐土土壤水动力学参数的推导及验证[J]. 水利学报，2004（3）：81-86.

[129] 王薇，孟杰，虎胆·吐马尔白. RETC推求土壤水动力学参数的室内试验研究[J]. 河北农业大学学报，2008（1）：99-102，106.

[130] 苏雯. 基于HYDRUS的干旱区非饱和土壤入渗性能及水盐运移模拟研究[D]. 乌鲁木齐：新疆大学，2017.

[131] HANA H, VILIAM N, ZDENĚK K, et al. The influence of stony soil properties on water dynamics modeled by the HYDRUS model[J]. Journal of Hydrology and Hydromechanics, 2018, 66（2）：181-188.

[132] BRISTOW K L, COTE C M, THORBURN P J, et al. Soil wetting and solute transport in trickle irrigation systems[C]. 6th International Micro-irrigation Congress Micro-irrigation Technology for Developing Agriculture, South Africa, 2000：1-9.

[133] 俞明涛，张科锋. 基于HYDRUS-2D软件的土壤水力特征参数反演及间接地下滴灌的土壤水分运动模拟[J]. 浙江农业学报，2019，31（3）：458-468.

[134] 张珂萌，牛文全，薛万来，等. 间歇和连续灌溉土壤水分运动的模拟研究[J]. 灌溉排水学报，2015，34（3）：11-16.

[135] MUALEM Y. A new model for predicting the hydraulic conductivity of unsaturated porous media [J]. Water Resources Research, 1976, 12（3）：513-522.

[136] SCHWARTZ R C, EVETT S R. Estimating hydraulic properties of a fine-textured soil using a disc infiltrometer[J]. Soil Science Society of America Journal, 2002, 66（5）：1409-1423.

[137] SIMUNEK J, VAN GENUCHTEN, GRIBBM M, et al. Parameter estimation of unsaturated soil hydraulic properties from transient flow processes[J]. Soil and Tillage Research, 1998, 47（12）：27-36.

[138] 余根坚，黄介生，高占义. 基于HYDRUS模型不同灌水模式下土壤水盐运移模拟[J]. 水利学报，2013，44（7）：826-834.

[139] 任杰，沈振中，杨杰，等. 基于HYDRUS模型低温水入渗下土壤水热运移模拟[J]. 干旱区研究，2016，33（2）：246-252.

[140] PATEL N, RAJPUT T B S. Dynamics and modeling of soil water under subsurface drip irrigated onion [J]. Agricultural Water Management, 2008, 95（12）：1335-1349.

[141] DUAN R B, FEDLER C B, BORRELLI J. Field evaluation of infiltration models in lawn soils [J]. Irrigation Science, 2011, 29（5）: 379–389.

[142] KANDELOUS M M, SIMUNEK J. Numerical simulations of water movement in a subsurface drip irrigation system under field and laboratory conditions using HYDRUS-2D[J]. Agricultural Water Management, 2010, 97（7）: 1070–1076.

[143] 张林, 吴普特, 范兴科. 多点源滴灌条件下土壤水分运动的数值模拟[J]. 农业工程学报, 2010, 26（9）: 40–45.

[144] 孙景生, 康绍忠, 崔文军. 不同沟灌条件下土壤入渗参数的估算[J]. 灌溉排水学报, 2005, 24（4）: 46–50.

[145] NASSERI A, NEYSHABORI M R, ABBASI F. Effectual components on furrow infiltration[J]. Irrigation and Drainage, 2008, 57（4）: 481–489.

[146] NASSERI A, NEYSHABORI M R, FARD A F, et al. Field-measured furrow infiltration functions [J]. Turkish Journal of Agriculture and Forestry, 2004, 28（2）: 93–100.

[147] ZHANG Y Y, WU P T, ZHAO X N, et al. Evaluation and modelling of furrow infiltration for uncropped ridge furrow tillage in Loess Plateau soils [J]. Soil Research, 2012, 50（5）: 360–370.

[148] KHANNA M, MALANO H M. Modelling of basin irrigation systems: A review [J]. Agricultural Water Management, 2006, 83（1）: 87–99.

[149] RAHIMI A. Evaluation of soil infiltration in furrow irrigation [J]. Australian Journal of Basic and Applied Sciences, 2011, 5（11）: 1542–1545.

[150] 考斯加可夫. 土壤改良原理[M]. 陈益秋, 译. 北京: 中国工业出版社, 1965.

[151] 郑策, 卢玉东, 郭建青. 贺兰山西麓绿洲土壤水分的入渗特性[J]. 水土保持通报, 2017, 37（5）: 146–151, 156.

[152] 肖雪, 王修贵, 谭丹, 等. 几种计算渠道渗漏损失的经验公式比较[J]. 武汉大学学报（工学版）, 2016, 49（3）: 356–371.